日本電産 永守重信が社員に言い続けた 仕事の勝ち方

田村賢司

日経BP社

はじめに

本書は、今や世界一のモーターメーカーとなった日本電産を創業し、育て上げた会長兼CEO（最高経営責任者）の永守重信の言葉とその経営を描いたものである。

その個性あふれる独自の経営は、かつてハードワーキングやガンバリズムの代名詞のように言われた。永守が主導するその経営は、遮二無二働き続けることで勝ち上がる企業の代表格のように捉えられたものだ。

だが、「ハードワーキング」や「頑張る」という言葉は今、時代遅れになりつつある。政府が進める働き方改革は、長時間労働の是正や、オフィス中心の業務の見直しなどを求め、長らく続いた戦後の日本企業の仕事の在り方を揺さぶっているのである。

企業の側は残業の圧縮などで応えようとしているが、すべてがそれを支えるものをつくり上げているかどうかは不明だ。

労働時間を短くしても企業としての競争力を維持するには、生産性を引き上げる取り組みが欠かせない。しかし、その手当てもないままに残業削減を標榜する企業も少なくない。ハードワークもなく、生産性向上策もなく、どうやって勝ち抜くのか。

そんな中、日本電産が今、「2020年に残業ゼロ」を掲げ、働き方改革＝生産性改革に取り組み始めて話題になった。2016年1月からスタートして残業を既に半減し、目標実現に近づいているという。一体、何が起きているのか――。

ただし、永守自身はハードワークの旗を降ろしてはいない。今取り組むのは、生産性を上げて、より短い時間の中でいかにハードに働くかである。外から見れば、改革前と後のギャップは大きいが、永守にとってはそうではないのかもしれない。創業から40年余りの永守の戦いは、そんな壁を突破し続けるものだったからである。

1973年7月、永守が3人の仲間たちと文字通り徒手空拳で興した日本電産は今、売上高が1兆1993億円（2017年3月期）に達した。さらに2020年度には2兆円、2030年度には10兆円に届くという壮大な夢もぶち上げる。この成功と成長を支えたのが、独特の永守経営であることはよく知られる。

だが、その実態は正確には伝わっていない。

日本電産をハードワークやガンバリズムの体育会経営と見る向きは今も少なくない。しかし、その実像はそんなに単純なものではない。徹底して高収益や成長を目指す企業体質を、かけ声だけでつくり上げられるはずはないからだ。これまでに56社の企業を買収し、特に1990年代には国内の業績不振企業をM&A（合併・買収）しては再建してきたが、これもまた精神論だけでできるものではない。

永守経営は、社員の士気の高さ、つまりやる気を何より重視する。社内の熱気を高くしながら、徹底したコスト削減としたたかな戦略眼で市場に切り込む。1980年代から1990年代にかけては、ハードディスク用の精密モーター市場をそれで席巻し、2000年代に入る頃からは、海外企業のM&Aで車載、家電・商業・産業用モーターへの事業ポートフォリオの拡大・転換を果たしてきた。

いつの時代も、先を見た戦略と現実的な戦術、士気の高さに支えられた実行力を構築し、磨き続けた。足元の働き方改革もまた同じである。

「残業ゼロ」といった大胆な発言ばかりが注目されるが、その裏にはしつこいほどの成長策があり、社員の仕事の進め方への指導がある。企業と社員が、どうやって勝ち抜いていくのかを徹底して考え、戦略を立て、戦術を作り、実行してきたのである。

筆者は20年余りにわたって、そんな永守を取材し、その動きをつぶさに見てきた。本書は、永守がこれまでぶち上げ、あるいはつぶやいてきた100の言葉と、そこに現れ出た現場の動きという、具体的な永守経営を描いたものだ。言葉は、日本電産社内でいう「永守語録」の一部に、筆者が長年の取材の間に見聞きしたものを掲載している。

第1章「仕事と情熱」編では、社員の士気こそが会社の土台だと言う永守が徹底して実践する士気高揚への取り組み、やる気を引き出す秘策を描いた。

第2章「人と組織」編は、永守がなぜ多数の不振企業の再建を実現できたのか。成功率100％の企業再建術を、永守の言葉を通じて示した。

第3章「教育と成長」編では、「三流の人材も一流にする」と言い、徹底して人を育て上げた永守流人材育成術を書いた。人材をどう育てるべきかに悩む経営者、管理職にとって注目の言葉が広がる。

第4章「上司と部下」編は、会社を実際に動かす中間層に、リーダーとしてどう動くべきかを説き、そして永守は彼らをどう育成したのか、彼の言葉と行動に焦点を当てた。永守流のリーダー論である。

第5章「経営者と志」編は、そのものズバリ、経営者論である。永守は、経営者としてどう生き、日本電産をどう育てたのか。そこには中小企業から大企業まで経営者として考えるべき要点が浮かんでくる。

第6章「変化と創造」編は、日本電産の最大の強みである変化への対応力、先を読む力を永守の言葉から読み解いた。変化対応力、先見力は現実にはどこから生まれるのか。経営者、管理職、若手社員いずれにも参考になるはずだ。

第7章で見たのは、永守経営と京セラ・稲盛和夫、ホンダ・本田宗一郎、大和ハウス工業・石橋信夫、パナソニック・松下幸之助、日本マクドナルドホールディングス・藤田田ら、名経営者達との比較である。そこに浮かび上がったのは、徹底した積極主義、社員に自らを惚れさせる人間力など多数の共通項だった。

１９７０年代以降創業の製造業では、唯一の1兆円企業となった日本電産を育て上げた永守とは一体何者なのか。永守の１００の言葉を追っていきながら、その経営力、人材育成力、リーダー論、変化対応力などを解き明かしてみた。経営者、中堅リーダー、若手社員、それぞれの立場で、今何をすべきかを考える起点になれば幸いである。

なお、この書籍では敬称略とさせていただいた。

田村賢司

日本電産 永守重信が社員に言い続けた仕事の勝ち方 ■ 目次

第4章
上司と部下

125

「上司は部下に対する御用聞きにならなければいけない」／「部下の中で、味方は2割でいい」／「部下を思ったように動かせないと感じているリーダーは、自分の何気ない言動を見直して、むしろその反対をやってみるべき」／「部下を課長に育てないと、君は永遠に課長のままだ」／「『健康管理』『情熱・熱意・執念』『コスト意識』『責任感』『言われる前に動く』『きついツメができる』『すぐ行動』。これが登用される社員の7条件だ」　など

第5章
経営者と志

161

「理想だけでは人は付いてこない。『この人に付いていけば飯が食える』という部分が必要だ」／「過去を振り返るな、未来をじっと見据えろ」／「自分は根っからの小心者。いつも先のことが気になって仕方がない」／「人間の成長を見極めるには、その人の『眼光』と『顔光』の変化で分かる。その『光』を得るには、幾たびもの『苦のトンネル』をくぐり抜けるのを厭わないことである」　など

カバー写真　小倉正嗣
装丁・カバーデザイン　三森健太（tobufune）
本文デザイン　川瀬達郎、高橋一恵、桐山 恵（エステム）

第1章

仕事と情熱

社員の士気がすべてを決める

心を動かす言葉
1

「物事の成否はまず、やる気で決まる。無気力でかつやる気のない社員を歓迎する会社はどこにも存在しないし、存在すれば、その会社は倒産するか、業績悪化するかどちらかである」

例えば「目標を達成するためには何が最も重要か」と問われたらどう答えるだろう。経営者なら、商品力あるいは技術力、または営業力の強さと言うのではないか。中堅や若手のビジネスマンなら「もっと知識を付ける」、あるいは「交渉力、企画力を高める」

などというところか。

だが、永守は「何より大事なのは社員の士気の高さだ」と言う。

「何としても利益を上げるという強い意識を持っていれば、社員自らがコスト削減に知恵を絞り、実行するようになる。自らの意識でコスト削減に取り組むのだから、継続もする」と。高い士気、つまり燃える心(やる気)を持つことが始まりであり、そしてすべてだというわけである。

どうすれば、それができるのか。進軍ラッパだけでそんなことが可能になると思うほど永守は甘くはない。

まず、目標を設定する。具体的なノウハウを教える。やらせてみる。そして成功体験を積ませて、さらにやらせる。

その間、「物事はすべてやる気で決まる」ということを嫌になるほど何度でも言い続ける。「耳にたこができて、そのたこにまた、たこができるくらい言い続ける」と永守。社員の意識の底に「士気の高さがすべてだ」と刷り込み続けていくのである。

絶対に妥協はしない。

例えば、2003年にM&A(合併・買収)した三協精機製作所(現・日本電産サンキョー）。日本電産と同じくモーターや精密部品の大手メーカーだったが、精密モーターなどへの過大な投資やコスト構造の高さなどがたたって、2001年度から2期連続で大幅な最終赤字に沈み、日本電産の傘下に入った。

そこで取りかかったのは「Kプロ」「Mプロ」という日本電産独自のコスト削減策。このうちKプロは、人件費、材料費、外注費を除く、事務用品費、光熱費、出張費、物流費、交際費などをゼロから見直し、「売上高1億円当たり500万円」という枠を設けて削りに削っていくというものだ。日本電産は当時、500万円をはるかに下回っていたが、三協精機は1000万円を超えていた。

約3倍近いコスト差に追いつくとなると、生半可なことでは難しい。努力の源泉となるエネルギーを生み出し続けるのは、やる気である。だから、それを言い続ける。そして、そのやる気を維持し、高めようとするのが次の言葉である。

心を動かす言葉
2

「事に当たっては『必ずやるという信念』『出来るまでやるという執念』『必ずよい結果をもたらすという自信』が大事だ」

約3倍という差は大きいかもしれないが、日本電産のほうでは既に実行していること。「必ずやるという信念」を抱き、「出来るまでやるという執念」と「必ずよい結果をもたらすという自信」を持って取り組めばできるとした。

三協精機も実は、日本電産の傘下に入る前から新たなコスト削減に取り組み始めていたが、「なかなか動かなかった」と当時の責任者は振り返る。

Kプロにおける日本電産得意の手法は、全員参加。

特定の部署が指示して実施する方法では、計画自体が甘くなり、未達が蔓延しやすくなる。

だから全社員にアイデアを出してもらい、身の回り、すべての経費を削っていく。三協精機では、例えばそれまで各部署それぞれに新聞を全国紙から地元紙、業界紙など多数購読していたが、それを思い切って削減した。書籍費は、それまでの月69万円から月2万円に減った。

社員の机の中には「店が開けるほど、ボールペンやファイルケースなどの文房具類がたまっていた」(永守)が、すべて1カ所で管理し、申請しないと使えない方式に変えた。徹底した管理で文房具の月平均購入費は、18万円から1万2000円まで下がった。

こうなると、社員から次々とコスト削減のアイデアが出てくるようになった。中には「女性に多いトイレの水の2度流し禁止」といったものまで飛び出し、削減策は数百に及んでいった。

目標と方法を示して成果を上げさせることで士気を高め、それがまた次の改善方法の創出につながっていくという循環である。

事務スペースも、無駄なものを取り去ることで小さくし、余計な場所を使わなくなれば、電気代も削減できる。仕掛けはここにもある。努力や工夫の結果が、目に見えるものにすることである。

そうすることで、士気はさらに高まっていく。実感できないものに、意欲を継続するのは難しい。永守は、ただやかましいだけではない。人間心理の弱さをしっかり見据えているといえる。

ただし、妥協はしない。できなければ、できるまで必ず目を光らせ続ける。「信念」と「執念」と「自信」の裏には、改革にかける永守のしぶとさがある。

成功するためには強い心を持て

心を動かす言葉
3

「物事が実現するか否かは、
まずそれをやろうとする人が、
できると信じることから始まる。
自らできると信じたときに
その仕事の半分は終了している」

1967年、職業訓練大学校(現・職業能力開発総合大学校)を卒業した永守は、音響機器メーカー、ティアックに入社した。精密モーターの開発が主な仕事だった。職業訓練大学校の電気科でモーターのおもしろさを知った永守は、この世界で身を立てようと思ったのである。

独立志向は小学生の頃からあった。ティアックに入ったのも、将来に備えてのことだった。モーターの技術をさらに高め、経営を学び、市場を見るためだった。

永守の計算では、独立に必要な資金は約2000万円。社員が30人として、当時だから5万円程度の給料にすると月150万円かかる。

これにモーターの製造機械の投資、材料の仕入れなどを考えると2000万円あれば半年はやれる。その間に銀行から借り入れをすればなんとかなるというものだ。

失敗すれば、当時のこと、やり直しは難しい。それでも果敢に踏み込んだ。資金を貯めるために「残業代だけで生活」し、基本給とボーナスはすべて貯金。失敗の恐怖に打ち勝つのは、自分の心だけだった。

永守のこの言葉は、そんな思いを表している。

4

「戦いの勝負は、まず自分に勝てるかにかかっている。自分に勝てる社員はいかなるものにも勝てると思う」

自分に勝つ力は集中力の強さでもある。

これは本当かと思うような話を永守から聞いたことがある。

何があろうと、永守は気持ちを前に前に向ける。もともとエネルギー旺盛なタイプだが、ティアック時代、体に力を取り込むために独特の〝儀式〟をしていたという。早朝に出勤するとオフィスの窓から太陽に向かって手を合わせる。さらに、日中は太陽の動きに合わせて机を動かし、「エネルギーを吸収した」というのだ。部長には「君、何をやってるの」とあきれられたと笑う。

冗談かもしれないが、大事なのはそれほど思いを極めるということだという。徹底して思い続け、徹底してそのために動き続ける。そうすると、できるというのである。

日本電産の副会長執行役員CSO（最高営業責任者）、小部博志は職業訓練大学校で永守の4年後輩だった。

といっても、同じ時期に大学校にいたわけではない。永守がティアックに入社した後、同社に近い東京・国分寺の下宿に移った。そこに故郷の福岡県北九州市から上京して入ってきたのが小部だった。

気が合ったのか、2人は以来、「親分・子分」の関係になる。そして、永守がティアックから1970年11月、京都に本社のあった精密工作機メーカー、山科精器に移ると、大学校を卒業して入社したばかりの会社を辞めて、同社に転職した。

山科精器がモーター事業を始めるというので永守がスカウトされ、さらに呼び寄せられたわけだが、入社すると「大学校で学んだ設計をやれると思ったら（永守に）営業をやれと命じられて、何の知識もない営業を始めた」と小部は笑う。

そして1973年7月、永守が日本電産を創業するのに加わり、また営業。

「何のコネもないし、まだ製品自体がない。だから電話帳を見て、モーターを使っていそうな会社に飛び込み営業をしていった。そのモーターの仕様書を借りて、『もっといいものを作ります』といって売り込んでいった」。ないない尽くしでも『やるしかない』という強い気持ちが自分に克たせてくれたし、やり抜かせてくれた」と小部は言う。

今でこそ、「社員の残業ゼロを目指す」(永守)と言うが、当時は「人の倍働いた」(小部)。営業の件数は月１００件。

それで、顧客から「性能を倍にしろ」「大きさは半分」といった難しい注文でも取ってくる。どんなに頑張ってもできないと音を上げそうになると、永守が、小部や技術者たちに声を張り上げたという。

「大声で『できる』と１００回言ってみろ」

仕方なく、皆で並んで「できる、できる、できる」と声を上げ続けていくと、「だんだん気持ちが盛り上がってきて、本当にできる気になってきた」と小部は苦笑する。

心を動かす言葉
5

「企業の命運を左右するものは
人材であることは論を待たない。
それには、高い能力の持ち主の
人間集団であることも大切だが、
いかなる風雪にも耐え得る
強い心の持ち主が何人いるかが、
もっとも重要だ」

自らを鼓舞し続ける永守たちの気持ちは、永守流ではこんなふうにも表される。
小部は、創業から3年目には一人で東京に移り、また一から営業を始めた。「持ってい
いくのは会社案内だけ。金型代を相手に出してもらって要望に合うモーターを作ってい

く。何にもないんだからこれでやるしかなかった」。

自社ブランド品を作り出すのは、この後だが、「そんな具合だから、顧客はうちから離れられなくなった」(小部)。

今の時代には考えられないような猛烈な戦いである。

永守たちを支え続けたのは、「必ず勝ち抜く」という強い気持ちだけだった。

そう思うほかない。

仕事の厳しさを知っている人こそ成果を上げる

心を動かす言葉
6

「仕事というものは、
本来決して楽しいものではない。
もし、楽しいものならば
遊園地とか映画館などと同様に、
私は毎朝会社の玄関で
社員一人ひとりから入場料を徴収する。
それをやらないということは、
働く、仕事をするということが、
いかに苦しいことかを知っているからである」

素顔の永守は、関西人の典型のようなユーモアと明るさを持っている。一方で先にも述べたように絶対に妥協しようとしない、徹底した厳しさを持っている。明るさと厳しさ。その矛盾が永守であり、日本電産の原点でもある。

日本電産の成長を支えた独特の仕組みに事業所制がある。

2012年4月に、精密モーター、車載、家電・商業・産業用など4事業本部制（2016年7月から3事業本部制に）になって以後は「考え方として残している」というが、創業後、10年余りして導入し、長い間日本電産の骨格となってきた。

これは一言で言えば、採算管理の単位を工場に置きながら、関連する営業部隊を抜き出して販売力強化を図るものだ。

価格、納期、仕様といった顧客の要求や変更要請に、営業が中心となって工場や開発部門と調整しながら応えていく仕事の進め方である。

例えば、顧客から原価低減への協力要請、つまり製品価格の引き下げ要求が来たり、急な仕様変更や納期の繰り上げなどの依頼が来たりした場合、工場や開発部門から反発が出ることが往々にしてある。

工場にすれば、生産性向上で製品価格の低下を吸収するにも限界があると言いたくなるし、納期の繰り上げは生産の段取り変えなどで大変な手間がかかる。そもそも収益責任を負っているから無理なことはしたくない。開発部門にしても、急な仕様変更は品質の維持が難しく避けたい。

事業所制では、営業が顧客の要望という市場の変化を見ながら、工場や開発など社内の事情に折り合いをつける役割になる。

工場は計画の利益を出せるように、よりコスト削減をせざるを得ないし、売上高の数%の技術料を受け取っている開発部門は、売り上げ増と負担増のぎりぎりを追求しなければならなくなる。

事業所制は営業が機関車となり、市場に即応するように会社を動かすわけだが、見方を変えれば、顧客や営業の無理難題に応えざるを得ない状況に置くことで工場や開発部門の創意工夫を引き出しているとも言える。

永守らしい、会社の中にしっかりと仕事の厳しさを埋め込んだ仕組みである。

7

「担当する仕事の成果が常に最良の結果で終わる人は、自己の仕事に対して、常に自分自身で厳しいチェックのできている人である」

実際の社内では、市場に接している営業は顧客の要望にできるだけ沿って、しかも素早く動こうと怒鳴るだろう。しかし、工場などの側は利益責任を負っているからとりあいたくない。そのせめぎ合いが仕事の厳しさである。

しかし、なぜそれでも社内がバラバラにならなかったのか。それに関係しそうな言葉がこれである。常に自分の仕事の状態をチェックし続け、修正し続ける人こそ、永守は仕事のできる社員だという。多くがそういう人材になれば結局仕事の方向は一つになる。利益を上げるというそれである。

日本電産の最大の特徴は、計画に対する徹底した遂行力だ。決めた計画を何としてもやり遂げようとするのである。

そのために例えばこんな仕組みがある。

計画通りに物事が動かなくなると、関係する部署の担当者らが即座に集まり、対策を練り、実施していくのである。

とにかく柔軟にすぐに話を始めようという考え方だ。

事業やプロジェクトといった大きなものだけではない。商談や日常の生産などでも、予定を外れると、すぐに対策を打とうとするのである。

これでは、社内でぶつかり合ってバラバラになっている余裕はない。常に問題の発見→原因分析→対策立案→実行を繰り返し続けることになるからだ。

心を動かす言葉
8

「『楽を追えば楽は逃げていく、苦から逃げれば苦が追いかけてくる』。私の好きな言葉である」

永守は「厳しさ」について、こう話している。

「人生というのは、長い目で見れば苦と楽が半分ずつ、そういうものだと思う。楽をすれば、必ずそのあとには苦がついてくるものだし、苦しみのあとでこそ、本当の楽を得られるものだ」「ところが、多くの人々は楽を求めすぎるように思えてならない。いい車に乗りたい、いい家に住みたいと、自己の欲望だけを大きく膨らませている。それに至る苦を経験せずして――」

普段の永守の姿だけしか知らない人には、意外なほどにストイックな言葉に映るかもしれない。しかし、「苦」から逃げないところに改善があり、前進があり、企業としての成長がある。そう考えているのだ。

常に前を向いて攻め続けるから強くなれる

心を動かす言葉
9

「ネアカ、生き生き、へこたれず」

永守と話していると、この言葉もよく出てくる。「苦」から逃げないでいられる永守のエネルギーの一つは、こんなところにもあるのだろう。

社会人になって最初に勤めたティアック時代、太陽に向かって座り続けたことから「ひまわり君」とあだ名されていたと笑うが、そんな姿を想像させるように言うのが「顔を上に向けないとだめや」。

下を向いてばかりいると、いつのまにか気持ちが消極的になり、後ろ向きな動き方になる。いつも前を向いて積極的に生きることが大事だというのである。

そして前へ前へと進もうとする顔は、周りを明るくする。

「生き生き、へこたれず」と思い込んでいる姿勢は、後に続くものに力を与える。そこでこうも言う。

「〝ぐち〟は、それを言う者よりも聞く側のほうが、悲しくむなしい」

だから目標も次々高くしていく。一つを成し遂げると、同時に次の大きな目標を掲げて社員達の顔を上げさせるのである。

1988年11月、日本電産は創業から15年で大阪証券取引所第二部と京都証券取引所に上場を果たした。

その翌月の社内報「にでっく」で、永守は社員に向けてまず説いた。

「株式を公開するということは、多くの利点を有するものの、他面ではその責任を含めて、厳しい制約や欠点すら有するものです」

そして、そのすぐ後にこうぶち上げる。

「次なるターゲットは、創業20周年（1993年）までに（売上高）1000億円企業の仲間入りを果たすことと、東京証券取引所への上場、大阪証券取引所の第一部昇格の達成であります。名実ともに創業時のターゲットであった世界的企業への仲間入りの後には、ニューヨーク市場への上場等も次なる目標となるでしょう」

前年度(1987年度)の売上高はまだ291億円にすぎない。

当時としてはスピード上場であったとはいえ、300億円にも満たないときに5年で3倍以上の1000億円を達成すると言い、さらにその先は世界の中心市場であるニューヨークへの上場を目指すとぶち上げるのである。

当人はおろか、社員も下を向いてなどいられない。

心を動かす言葉
10

「2番というのは、1番に近いかビリに近いかと問われれば、それはビリに近い。すなわち1番以外はみなビリと同じである」

永守は子供の頃から「一番以外はビリだと考えてきた」と真顔で言う。学校時代の成績は一番を通したというし、野球をやるときは必ずピッチャーと四番、学芸会でも主演を狙った。だから銭湯に行くと、必ず一番の下足箱に靴を入れ、「一番が空いていなければ、下足箱の上に置いた」と言う。

もちろん新幹線も飛行機も一番の座席を取る。これまた嘘かホントか分からないが、子供の頃は「将来は社長になるか労働組合の委員長になるか、それがだめならやくざの組長になろう」と真剣に考えていたと笑う。

これを子供にありがちなとっぴすぎる飛躍と笑うのは簡単だが、ぐっと考えさせられるのは「一番になるために、常に自分にそう意識付けてきた」ことだ。一時的に自分を励まし、その気になることは誰にもできる。しかし、それを片時も忘れず、意識の底にすり込み続けるのは容易なことではない。

当然、その姿勢は経営の場面でも貫く。「セールスの力、マーケティングの力もどこにも負けてはならない。市場シェアも決して2位、3位に甘んじるようではいけない。当社は常に1位、しかもダントツの1位を目指している」。

ただし、単なる精神論ではない。そこには視座の確かな見方もある。

「かつては、国内外とも多くの市場で上位4社くらいが似たようなシェアを取ることがあった。しかし、バブル崩壊後は、例えば1位の企業が60％以上のシェアを取ると、2位は15％、3位はさらにその半分の7・5％、4位は4％未満に甘んじるといった状況になった。利益では、2位は1位企業の10分の1、3位は100分の1、4位に至っては赤字である」。日本電産が本格成長をし始めた80年代からの大変化を永守は、独特の「一番思想」で乗り越えてきたのである。

企業の力の差は、社員の意識の差である

心を動かす言葉 11

「人の能力の差はせいぜい5倍まで。意識の差は100倍まで広がる」

永守から何度か聞かされたエピソードに、ラーメン店の従業員の話がある。まだ、日本電産が中堅企業だった頃のことだろう。

あるとき、東京に出張した際に、取引先から会社の近くに繁盛しているラーメン店があると紹介されて連れ立って出かけた。

見かけは何の変哲もない店だったが、中に入ろうとした瞬間、若い従業員が走ってきて、ドアを開け「いらっしゃいませ」と大きな声で出迎えたという。

席について注文すると、従業員は人懐こく話しかけてきながら入り口にも目を配り、

客が近づくと飛んでいってドアを開ける。そして、永守たちにも何くれとなく気を使い、明るい雰囲気をつくり出していた。

ラーメン自体はとり立てて変わったものではなかったが、従業員の明るさと気配りですっかり気に入って店を後にしたという。

このときに、つくづくと思ったのが前述の言葉だ。

人間の能力の差はせいぜい5倍まで。他店の5倍以上おいしいラーメンを作ることも、5分の1以下の時間で提供することもできない。しかし、従業員の意識次第で、店(会社)は全く変わる。客の気持ちを100倍良くすることができると感じたというのである。

従業員・社員の意識が会社を変える。そして、そのもとは経営者の意識の高さが鍵になるのである。

「単純だけど、コミュニケーションほど大事なものはないといっていいくらいだ」

ラーメン店の従業員のような意識の高さはどこからくるかを考えると、それは経営者の考え方がしっかり浸透していることが、もとになっている。

経営者の考え方はもちろん大事だが、それが社員の体の中にまで入り込むほど十分に伝わって、初めて社員の意識が変わる。

永守の特徴は、とにかく社員とよく話すことだろう。

日本電産だけではない。買収してグループに入れた企業も国内外を問わず、それも社長や役員だけでなく、中間層、若手までとにかくよく話す。

大企業の社長が地方視察に赴いて、幹部とだけ話すといったことなど珍しくもない。誰でもやる。だが、永守の場合はそれとは全く違う。

特にM&Aでグループに入れた企業では、しつこいほどこれを繰り返す。

例えば2003年10月に、経営危機に陥っていた三協精機製作所（現・日本電産サンキョー）を買収した際には、課長以上の管理職約300人、一般社員約1000人をグループに分けて、わずか1年で計70回以上も昼・夕食会を開いて話し続けた。筆者もかつてその会に参加したことがあるが、若手社員は最初、緊張して弁当しか見ていないものの、ほとんどの場合次第に話し始める。

「この会社は無駄だらけや」「売価は安く、コストは高い。それを今直しているところや」。言葉はきついが、話しぶりはユーモアたっぷり。関西人らしい独特の口調に、若手も「組織改革は行われるのか」「グループ内で同じ事業をしている企業がある場合はどうするのか」と〝しっかり〟聞き始めた。

最近は三協精機のような再建型買収の頃ほど、1カ所での食事会の頻度は高くないが、それでも続けている。費用はすべて永守持ち。話すことで自分を知ってもらい、その会社の雰囲気を知る。

そんな中から、「この会社の社員の士気は上がっている」「まだ（永守の）考え方が浸透していない」といったことを体感して次の改革につなげていくのである。

「始めに志ありき」

本当は「初めに志ありき」ではないかと思うだろう。だが、永守は物事を始めるときにこそ志が必要であるとして、この字を当てているようだ。そこに「らしさ」がある。

永守は自らの考え方、永守イズムと日本電産の社憲ともいうべき理念をまとめた『挑戦への道』の中でこう述べている。

「私が当社を興したとき、まず、最初に行ったことは、会社の基本方針を立てることであった。生産計画も大事、販売計画も必要、資金計画も作成しなくてはならないが、何よりもまず第一に、どういう会社をめざすのか、私たちの志を具体的な言葉にしておこうと考えた」

初期という意味での「初めに」でなく、物事をスタートさせるときという気持ちを込めて「始めに」としたのだろう。

では、どういう志だったのか。それは今も日本電産の経営三原則になっているものである。つまり、

「非同族企業を目指す。企業を私物化しない」

「いかなる企業のカサの中にも入らない独立独歩の企業づくりを推進する」

「インターナショナルな企業になる」

である。

これを1973年7月、わずか4人で旗揚げした日に書き記したのだという。

「えらくご立派なことで」と皮肉を言われたこともあると永守は振り返るが、そんなものは一顧だにしない。

「（物事の）始めにめざす目的、志をしっかりと掲げなければ、何事も成就できない」

強くそう言う。

「すべては『志』の高さ」

永守の言葉にはしばしば「志」が出てくる。

「目標が達成できるかどうかは『絶対やるぞ』という志の高さによる」とも言う。当たり前のことのようだが、もう一つ、永守の思考を重ねると深くなる。

「目標を達成するには、新しいものや困難なものに自ら果敢に挑戦していかなければならない。『志』は自分との闘いでもあり、自分をも成長させる。人は年齢を重ねれば自然と成長するわけではない」

「始め」に志操を明らかにし、それを守り続けていく。そのためにがむしゃらに働く。そういうことになる。

ハードワーキングこそ成長の原理原則

心を動かす言葉 15

「24時間は誰にも平等だ」

この言葉は、永守に何十回聞かされたか分からない。そしてまた創業前からの〝子分〟であり、同志でもある副会長の小部からも繰り返し言われたものだ。

ヒト・モノ・カネすべてがない創業時代。それでも、先行する大手やライバルと戦うには誰にも平等に与えられた24時間という時間を生かし切るしかない。

ヒト・モノ・カネでハンディはあっても、誰もが持っている24時間を徹底的にうまく使えば大メーカーにも伍していける。

かつて永守が言っていたのは、食事や睡眠のために最低8時間は要る。だが、それ以外の16時間は働ける。それでハンディを吹き飛ばしていけるというわけだ。

ただし、重要なのはその間に何をするのかだろう。ただ長時間働くのでは意味がない。そう考える永守には、創業の頃から他の経営者とは明らかな違いがあった。永守が狙ったのは、徹底した納期の短縮である。他社が1カ月でやるというなら、日本電産は2週間で大丈夫と顧客に訴える。よそが8時間働くなら、我々はその倍働けば納期も半分にできるという算術である。それを称して「倍と半分の法則」と永守は言う。

ただし、そこにはもう一つしたたかな計算があった。「メーカーにとって重要なコスト、品質、納期の3要素のうち、最も大事なのは納期だ」。小部がこう言いながら打ち明けた。「セットメーカーが開発している最中に、他社より納期をとにかく短くして試作品をいち早く持ち込む。大抵の場合、一発でOKになることはない。しかし、他社より大幅に早く出せば、セットメーカーは『もっとこうすれば良くなる』と指導してくれる」。

「それを聞いてすぐに修正して再度持ち込むと、また指摘を受けて良くなる。その頃、他社がやって来るが、もうセットメーカーは日本電産に指導を繰り返してきたから離れられなくなる」

こうなればもう勝ちである。

心を動かす言葉
16

「情熱・熱意・執念」「知的ハードワーキング」「すぐやる、必ずやる、出来るまでやる」

「24時間は誰にも平等だ」と言い続けて、激烈に働く中から形作られてきたのが、日本電産の三大精神と呼ぶこの言葉である。

ハードワーキングの前に「知的」が付いているのは、ただの長時間労働ではなく、考えたそれだという揚言なのだろう。

そして、それを実行するのに必要なのが「情熱・熱意・執念」であり、「すぐやる、必ずやる、出来るまでやる」という思いの強さだ。

ただし、「はじめに」でも書いたように、最近になって永守はまた新たな変化を見せ始めている。

2020年度に残業ゼロを掲げ、長時間労働をなくしていくという。政府が旗を振る働き方改革で、産業界全体が時短に動くのに先駆けた格好である。

そのために実行しようとしているのが、新たな意味での「知的ハードワーキング」。生産性を高めて労働時間を短縮しようというわけだ。

ロボットやスーパーコンピューターを使い、仕事の効率化につながるソフトウエアを導入するなど、1000億円に上る投資をして実現するという。

このあたりも永守らしい、したたかなところである。

もはや世界の競争は単純な長時間労働で勝ち抜けるレベルではなくなっている。

それを見越した上で、生産性向上に本格的に突入したのだ。三大精神も新たな時代を迎えつつある。

心を動かす言葉
17

「泣かない、逃げない、やめない」

ハードワークの意味が変わろうがどうだろうが、永守が求める人材の大事な基本はこれである。困難に直面しても泣き言を言わない。そして困難から逃げない。努力をやめないということである。

泣き言というのは「今は円高だから」とか、「人手不足だから」など環境のせいにすること。それは困難から逃げているだけだというのである。

そう思うからこそ永守は言う。

「困難は必ず解決策と共にやってくる」

例えば業績が急速に伸び、売上高1兆円が視野に入ってきた2008年度。

突然、世界を襲ったリーマン・ショックにより、前期7000億円を超えていた売上高は一気に6000億円を割り込むまで落ち込んだ。

が、このとき永守は未曾有の危機を逆手に取った。

「売上高が半分になっても利益を出せる体質にする」と宣言し、再び徹底したコスト削減に乗り出した。

WPR（ダブル・プロフィット・レシオ）と名付けてあらゆる項目を洗い直して、コストを下げ、営業利益をV字回復させた。

世界的な危機の中でも「泣かない、逃げない、やめない」ことで、逆に利益率を高めたのである。

第2章

人と組織

赤字は罪悪なんです

心を動かす言葉 18

「つぶれる会社には共通点がある。会社も社員も本来持っている潜在力を表に出していないだけだ」

日本電産がM&Aをテコに大きく成長してきたことはよく知られている。

2017年10月までで56社にも上る永守のM&Aは、あえて言えば2つの時期に分かれる。1990年頃からの第1期は国内中心、主として2000年代半ばからの第2期は海外中心のM&Aである。

この第1期の頃は、日本ではまだM&Aが一般的でなく、売りに出されるのは破綻寸前のような業績悪化企業ばかりだった。しかし永守はそれを果敢に買収し、すべて再建してきた。永守の名を世に高らしめたのは、再建王としての圧倒的な実績である。

永守は常に言う。「会社というものは必ず儲かるようにできている。そうならないのは、経営者が経営を間違え、社員が本来持っている力を出していないからだ」と。

それは、経営者が社員の士気を高め、その能力を十分に引き出せば、どんな会社でも必ず利益を出せるという宣言でもある。その意味で、赤字は陥るはずのないもの。「罪悪ですらある」と言い切る。

だからこそ、再建の初めには社員を鼓舞する。どんなに業績の悪い会社でも必ず立ち直れると。再建王・永守のマジックは人を「その気」にすることから始まる。赤字に陥り、つぶれる寸前にまで追い込まれてやる気も自信も失っている社員たちに「君たちには力がある。必ず復活できる」と気持ちから盛り上げていくのである。

そのせいだろう。再建の現場で最初に言うことはどこでもほぼ同じだ。

例えば2011年7月に買収した三洋精密(現・日本電産セイミツ)。同社は、業績悪化の末、2009年末にパナソニックの傘下に入り、最後は社名も消えた三洋電機の子会社だった。

スマホや携帯電話用の振動モーターでは世界シェア30%(当時)という独自の強みを

持っていたが、三洋電機の携帯電話やデジタルカメラの組み立てといった儲からない事業を引き受けていたこともあり、日本電産に買収される前は3期連続の赤字に沈んでいた。やはり破綻寸前だった。

買収後、社員を集めた最初の挨拶の席で永守はこう言った。

「ざっくばらんに申し上げて三洋精密さんは、実質的に倒産しています。だけど、1年、私の言う通りにやってみようという気持ちになっていただけたら、この会社は良くなります。それは自信を持って申し上げたいと思います」

「赤字というのは罪悪なんです。これからいろんなことを皆さんに言うけど、聞いてほしい。結果は必ず出ます。結果が出ないなら責任は私にあります」

業績悪化に慣れっこになり、鈍感になっていた社員たちに「赤字は罪悪である」という意識を植え付け、「必ず再生できる」と強い自信を持たせたのである。

不振企業を立て直すために重要な方策は、社員の気持ちから立て直すことである。

心を動かす言葉
19

「誰もいないのに
廊下の電気（ライト）がつけっぱなし。
本来はショールームなどお客さんに
来てもらわないといけない1階に、
稼がない間接部門を置いている。
みんなで付加価値を生もう
という考えがないからそうなる」

三洋精密を買収した直後、同社を訪れるや永守は即座にこう〝診断〟した。
永守に言わせると、つぶれる会社とそうでない会社の差は実はわずかなものだ。それは利益を上げよう、付加価値を生もうという意識の差だという。

業績の悪化した企業を再建する際、「この会社はつぶれると思ったことがありますか」と社員に聞いているという。すると、大抵の場合「思ったことはない」だったという。買収してきた企業は、大企業の系列が多いこともあるが、業績不振企業には社員が会社の赤字を我がことと捉えない風土が広がっているという。

それこそが永守の最も嫌うところだ。

「業績不振企業は社員に『どうしても利益を出す』という執念が足りない。だからこそ、『赤字はだめ。なんとしても利益を出す』という意識を持ってもらうことが何より大事になる」(永守)。

永守の改革は社員の意識を高めることにまず集中する。

特別なことをするのではなく、社員の意識を変えることが経営の改善につながり、利益体質をつくり上げる最重要の道だと考えているのだ。

例えば、三協精機(現・日本電産サンキョー)がグループ入りした直後、工場で使う組み立て用ロボット事業の課長は、永守に「取引先の部品や資材メーカーは皆儲かっているのに、三協精機だけが利益を出せていない」と鋭く指摘されて、驚いた。

「高い価格で調達している」というわけだが、「当時、そんな認識は誰にもなかった」と目を丸くした。

ロボットのほとんどはその頃、一品モノであり、受注に合わせて資材などを調達し、コストを載せるというものだったからだ。「日本電産に比べ、同じ資材を20%も高く買っている」と突っ込まれたという。

つまり、利益を大きくしようとすれば、資材の共通化などもっと努力すれば、それは達成できるというわけだ。

わずかな意識の差が、積り重なって利益を減らし続けていく。その連続が、企業を弱くし、最後は破綻させる。

ということは、つまり意識を少しずつでも変えていけば、会社は次第に変わっていき、強く生まれ変わるはず。それを言い続けているのだ。

心を動かす言葉

20

「普通の再建の仕方は間違ってる。『年齢が高いから切る』とか『能力が低いからいらない』なんて、僕は言わないよ。怠け者にはやめてもらうということだけだ」

業績が悪化した企業を再建する際に、しばしば実行される再建策は、一に中高年を中心にした希望退職の募集、二に個人成績不振者への〝転身支援〟だろう。

だが、永守はそのいずれも「絶対にやらない」。それよりも、（病欠などを除いて）欠勤が多かったり、やる気の見えない社員には厳しい目を向ける。

企業を強くし、不振企業なら再生するためには、社員の士気の高さが何より必要だと永守が考えていることは述べてきた。

その士気の高さが具体的に表れるのが出勤率だと言うのである。

この数字をしっかりと管理している経営者は意外に少ない。病欠もあるし、「基本的に日本人は勤勉だから必要のあるとき以外は働くはず」と、管理者が考えがちなせいか、出勤率の向上に特別な対策を打とうとする企業はあまりない。

だが、永守はこれを常に重視する。業績不振企業は大抵の場合、出勤率が低くなっていると見るからだ。

出勤率は実は企業の人件費負担に直結する。

三協精機の場合、日本電産の買収前、出勤率は常に90％を割っていた。高くても88〜89％だった。出勤率が〝常時〟90％を割るとなると、10％程度は本来〝余分〟の人員を抱えざるを得ないことになる。三協精機が日本電産の出勤率（当時99％）並みになれば、それだけで人件費は10％下がる。

さらに、永守は再建の際には1年程度の期限を付けて、労働時間の延長を依頼することも多い。

三協精機の場合も年間の労働時間を1875・5時間から2080時間にし、1年後には日本電産と同じ1992時間にするとした。ここでも、人件費は実質的に10％

程度低下する形となった。

「怠け者にはやめてもらう」と言うが、永守は実際にはリストラはしない。こうした施策は、ある意味で改革の遂行力を高めるための仕掛けでもある。

第1章で触れた一般経費削減のための対策の「Kプロ」や、仕入れコスト引き下げにつなげる「Mプロ」などの活動と、こうした出勤率の向上は、いずれも改革を実現するための精神運動だといえる。

鍵は意識を高めるように言うだけでなく、実際の行動も変えることだ。

意識を高め、行動を変えて業績回復へ社員全員で取り組む。「怠けるのはだめだ」とだけ言っているようで、永守はもっと深いことを考えている。

心を動かす言葉
21

「一流企業と三流企業の差は製品の差ではなく、〝社員の品質〟の差である」

永守の経営の最も重要な方法の1つは、「3Q6S」である。

3Qは良い社員(Quality Worker)、良い会社(Quality Company)、良い製品(Quality Products)、6Sは整理、整頓、清掃、清潔、躾、作法のことである(それぞれ頭文字、6Sはローマ字表記で)。

6Sのほうは、整理から躾までで5Sという形で工場管理の規範としてしばしば使われる。永守はこれに、社員が守るべき作業・仕事手順などの意味で作法を加え、6つのSを高い水準で実行し、3Qを目指すことが企業を強くする道であると言う。

5Sが工場管理の規範であるように、こうした標語は社員教育に使われることが多い。だが、永守はこれを企業再生時や、正常化後の企業力の維持・向上の重要な指標にしている。再生時に限って言えば、この評価が上がらないと、再生もできないとさえ言う。

例えば、企業の業績が悪化する要因は、直接的には不良品増によるコストアップや外部からの評価の低下、あるいは事務部門の効率の悪さなどさまざまなものがある。

しかし、それらの問題が表に出る裏側で共通するのは、「6Sの悪さだ」と永守は言う。「机の上が散らかっている社員は、大抵の場合仕事のミスが多いし、不良品は掃除の行き届いていない工場から生まれやすい」というような実感があるからだ。

だから企業再生に当たっては、特にこれを厳しく指導する。日本電産に専門部署を設け、グループ企業を回って3Q6Sの点数を評価し、それを向上させるための指導をし続ける。

例えば、三協精機時代の日本電産サンキョーの点数は最初、百点満点で5点しかなかった。日本の製造業の多くは、5S活動などを日常的に実施しているから、同社も当然実行していた。だから5点には「みな仰天した」と当時の幹部社員は言う。

開発部門などではむしろ当初、「実験室や机の周辺をきれいにしたら、新製品・技術ができるのかと感じていた」（当時開発部門の課長だった日本電産サンキョー社長の平沢賢司）くらいだった。

しかし、再建の際に三協精機の3Q6S担当者はグループ企業に見学に行ってまた驚いた。工場では、ラインごとに従業員の技能レベルなどが掲示板に張り出されていた。一方で週次の業務計画や生産実績も分かるようになっており、両者を組み合わせて人員配置を瞬時に可変できるようにしていた。また、治具や部材、資材をどこに整理、整頓するかといったことが生産性改善の検討に組み込まれ、改善がしやすくなっていた。

こうしてレベルの差が歴然としていることに気付かされたと同時に、三協精機側でも改革が動き出した。机の上や周辺の掃除を徹底し、さらに当初は役員などからトイレの掃除を始め、やがて管理職・一般社員にまで広がっていくと変わっていった。

トイレは三協精機時代は外部の会社に任せていたが、「自分の手で掃除するようになると、今後はきれいに使おうという気になってきたし、何かが壊れていたりすると、丁寧にメンテナンスをしていなかったのではといった形で、何事も我がこととして感じるようになった」（当時のある中堅幹部）。

物事に主体的に取り組む感覚・責任感がついてきたのである。

企業を強くするのは、幹部や社員たちのその気持ちだ。

仕事は常に自らの発想や工夫をもってやるべきである

心を動かす言葉
22

「小さなものの改善に効果がある。会社は常に変化がないといけない」

日本電産サンキョーのある幹部は、日本電産にグループ入りした直後、永守が会社（当時・三協精機）を訪問した最初の頃のことをしばしば思い出すという。まだ課長クラスだった幹部のそばに来た永守は突然言い出した。

「ちょっと、引き出しを開けて見せてくれ」。なんだろうと思いながら、数人がおずおずと開けてみると「やっぱりな」。

どの引き出しの中にも、ボールペンやホッチキス、文書ファイル、ノートなどが多数入っていた。部署の棚も同様。永守はすぐに指示した。「机や棚にしまい込まれている文房具を1カ所に集めろ」。その結果、文書ファイルは3000枚、ボールペンは1000本以上、クリップも1000個以上…と文房具店が開けるほど出てきた。

それだけではない。文房具などに加え、不要な資料なども捨てるとキャビネットも要らなくなる。もともと空いている机なども取り去り、レイアウト変更をすると事務スペースは約3000㎡も削減できた。

さらに、工場や本社ビル内の蛍光灯も不要なものを外し、文房具類の経費は月18万円が同1万2000円になり、電気代も年間1000万円下がったという。これに加え、再建達成までと限定して地域の各種団体への寄付なども抑えていった。

この手法は、日本電産の再建ノウハウの代表的なものの1つで、日本電産セイミツでも行った。同社の場合は社員が200人余りしかいなかったにもかかわらず、ボールペンは数百本、文書ファイルは数千枚、クリップも数百個出てきた。そして、無駄なスペースで使っていたものも含め、蛍光灯は1000本も取り外せたという。

ここで大事なのは、こうした無駄を削減することだけではない。「利益意識がないことが、どれだけ多くの費用を生んでいるかをみんなに見せること」（永守）である。無駄の見える化だ。

たとえ業績が悪化した企業でも、ただ口頭で注意されるだけでは、次第に慣れて緊張感も薄れる。しかし、毎日、無駄の山を目にしたり、事務スペースが大幅に空いた中で働いたりすれば、緊張感は途切れない。

こうして緊張感が高まる中で、永守は仕掛ける。無駄削減や業務効率化のアイデアを当の社員たちに出してもらうのである。

三協精機ではグループ入りから3カ月して、約1200人の社員にアイデアを募ったところ、約4000件も出たという。その中には「トイレでの水の2度流し禁止」「水流し1回ごとに課金する」といったアイデアまで飛び出した。

グループ入り前から社内横断で組織していた経費削減チームのリーダーで、その後新設された経費削減部の部長にもなった松尾智延は当時こう言った。

「三協精機時代は、経費削減を要請しても積極的でない社員も少なくなかったが、グループ入りして改革が始まると、雰囲気は一変した」と。

永守が言う「小さな改善」はそれ自体が効果を持つが、もっと大きな意味も持っていることを知っているのだろう。

心を動かす言葉
23

「限界と思ったときがネゴのスタート」

これはあらゆるコスト削減のために永守が言い続けている言葉である。

日本電産では、少なくとも国内企業については、永守が物品などの購入に関する大量の稟議書を見続けている。だが、それがすごい。

新たにグループ入りした経営再建企業の場合は1円以上、通常の状態の企業では100万円以上の購入品すべてで申請を上げさせ、永守自身が諾否を判断している。

何度か触れてきたMプロは、基本的には管理職や一般社員など5人が交代で購入先と交渉を繰り返して価格引き下げを図るもの。

この交渉の際、現場が最初の申請で見積もり単価を出してくると、「A価格だと○%の営業利益」といった形で具体的な目標数値を書いて返す。

これまで何回か購入・交渉しているものの場合は、前回の購入単価と今回の購入に当たっての最初の見積もり単価、そして交渉して見直した後の単価を記入して申請させる。その際、前回と今回の単価の比率、あるいは今回の最初の見積もりに対する交渉後の単価の比率まで書かせる。こうすることで目標を追求する姿勢を徹底して付けさせるのである。大企業としてはちょっと考えられないような「指導」ぶりとも言える。

実際、日本電産を去ったある元幹部はこうした永守の行動を評して「マイクロマネジメントの人だ」と〝皮肉〟った。マイクロマネジメントとは上司が部下の業務に細かい干渉をすることで、ネガティブなニュアンスを含む。

しかし、永守にひるむ様子は全くない。むしろ「マイクロマネジメントこそ会社を強くする」とさえ言う。

日本電産の最大の強みの1つは昔も今も、物事に「徹底して」取り組むこと。かつてはがむしゃらさが先行し、今はシステム投資などを含めた生産性向上による部分も大きいが、「すぐやる・必ずやる・出来るまでやる」徹底ぶりは変わらない。永守は、その「徹底」の文化を社内に植え付け、広め続けようとしているのだろう。

「そこまでやるか」と笑うのは簡単だが、「そこまでできる」経営者はまずいないことも事実だろう。

心を動かす言葉
24

「古い服は脱ぎ捨てよ」

社員に永守イズムを理解してもらうためのテキストでもある『挑戦への道』にこの言葉がある。

その中で永守は言う。「季節が移り変わるように、私たちを取り巻く環境も（略）刻一刻と変化している。季節が変わっても同じ服を着続けている人が滑稽であるように、企業も、経済環境、経営環境の変化に鈍感で、いつまでも同じ経営スタイルを押し通していては、滑稽であるばかりでなく、寒さのために風邪を引いたり、暑さのために脱水症状を引き起こしたりと、生命にかかわることになりかねない」。

変化に即応して臨機応変に経営を変え続けていかなければ生き残ってはいけない、ということを訴えているのだろう。

この言葉を経営の現場で具現化しているものの１つが、社内で「リスク会議」と呼んでいるものだ。他の企業同様、日本電産にも年次の予算がある。年間でこれだけのコストをかけ、投資をしてこれだけの売上高・利益を上げるというそれである。最近は月次はおろか週次決算をする企業も出てきたから、その精度はかつてよりも高まっているのだろう。

しかし、日本電産のそれは徹底度が違う。週次の目標、プロジェクトの目標に対して現実が外れたり、環境が変わり始めたりすると、すぐに対応しようとする。

そこで繰り返すのがリスク会議である。例えば、売上高・利益が週次計画に達しそうにないと、即座に動く。

「外から買い入れる材外費が計画を大きく上回り、すぐに修正できないなら、固定費をいったん削って利益を計画通り確保する。並行して、もう少し長い期間で材外費を削ったり、別の売り上げを上げられる事業をすぐに動かすなど、計画を必ず達成するための方策を取る。それを機敏にやるためにあるのがリスク会議」

あるグループ企業の幹部は苦笑しながらこう言う。

企業を再生し、また強さを維持・向上させる最大の武器はスピード。環境の変化に目を凝らし続け、追いつ追われつするリスク会議は、その先兵であり、象徴でもある。

心を動かす言葉 25

「改革は、その企業の人たちがやるのが一番だ」

永守の強烈なリーダーシップを見ると、日本電産は業績不振企業をはじめとした買収先にはさぞ多数の人を送り込んで支配し、改革を強引に進めているのではと思われがちだが、買収後に送り込むのは2人から、せいぜい3人の役員・部長。役員も過半数は取らないし、社長を出すこともほとんどない。「我々は日本電産のローコスト・高効率経営のノウハウを教えるが、実行はプロパーの人たちにやってもらうのが一番効率がいい」。日本電産から日本電産セイミツに出向していた元日本電産社員はそう言う。

「M&Aをされて、ただでさえ暗くなっているところに〝進駐軍〟よろしく日本電産から人が行って経営を握ると士気が低下するばかり。それよりプロパーの人に社長をやってもらって社員の士気を高めたほうが効果は大きい」(永守)と見るからだ。士気の高さこそが重要な要素と言い続ける永守らしい手である。

「自分の勤める会社と仕事に誇りを持てない社員に立派な業績が上がるとは思わない」

永守は買収した業績不振企業を再生するに当たって、その企業の歴史を非常に大事にする。

今は不振にあえいでいても、もともとは地域の名門だった企業がほとんど。経営者も社員も、地域のエリートとしていい会社に入ったと思っているのに、買収された途端、すべてが否定され、指示ばかりされているとやる気を失うと考えているからだ。

「心を動かす言葉25」で触れた、買収先にほんのわずかしか人を送り込まない理由はこの配慮からでもあるが、もっと見える形で誇りを大事にしようともする。

例えば、日本電産サンキョーは、三協精機時代からスケート部が世界的な強豪として知られてきた。

スケートはかつては冬、諏訪湖に氷が張ったときに市民が楽しむスポーツであり、三協精機の創業者が学生時代に打ち込んだものでもあった。

1957年に創部したスケート部の選手はこれまで冬季オリンピックでメダルを獲得、入賞も果たしてきた。

だからこそ、これを残し、むしろ日本電産全体の社員の心のよりどころにさえしようと考えた。

社員の士気を高め、心を動かすのは事業だけではない。さまざまな経路を通して、会社と仕事に誇りを持つとき、企業の再生はより近くなる。

「『明日やります』『あとでやります』とよく口にする人は、やりたくない人であり、何もやらない人と考えてよい。また、『そのうちやります』は、絶対やりませんと同じである」

永守の企業再生、経営の最大の特徴はそのスピードの速さである。ずいぶん以前、永守は筆者に「M&Aで傘下に入れた会社と日本電産の一番の違いはスピードだ。経営の判断をするまで、そしてそれを実行していくまでの速さが約3倍は違う」と語ったことがある。

3倍というのは目分量だろうが、つまりはそれくらい経営の速さが違うということなのだろう。

前にも少し触れたが、永守は三洋精密（日本電産セイミツ）の買収の際の、社員への挨拶で「三洋精密さんは、実質的に倒産しています。だけど、1年、私の言う通りにやってみようという気持ちになっていただけたら、この会社は良くなります」と語っている。あるいは、三協精機を傘下に入れた際、社内での挨拶で「再建に時間をかけるのはお互いにつらいですから、早く収益の上がる会社に変えたいと思います」と述べている。

再生は1年をメドにスピード感を大きく変えて進めると宣言しているのである。そこには業績不振に陥った企業を変える秘訣がある。短い期間に、はっきりと何が変わり、そのことで業績がどう変わったかを社員に実感させることだ。

ゆっくり変えていると、コストも大きくなるが、何より社員の意識が変わらない。それでは結局、強い会社に生まれ変わることはできない。そう考えているのである。スピードは最大の価値である。そのことを忘れてはならない。

心を動かす言葉
28

「人生は
チャンスをどう見つけるかという戦いだ」

日本電産本体だけでなく、グループ企業の社員たちとも永守は頻繁に話をする。それだけでなくメールアドレスも公開している。

そんな場を通して語りたいのは、不振企業なら再生のために何をしようとしているか、社員にどう動いてほしいか、その他の企業なら喫緊の課題や市場への対応といった現実的なものが1つ。だが、それだけではないという。

生き方への自らの思いのようなものを知ってほしいと考えているのだ。

少し場面は違うが、最近こんなことがあった。日本電産が学生向けに、社会人としてどう生きるかというセミナーのようなものを開いたのだ。就職目前の学生向けに、永守の来し方と、思うことを話し、少しでも参考にしてもらおうという狙いだった。

学生向けにそんな場所で話すのは十数年ぶりだったというが、そこで永守が「なぜ、このセミナーに来たのか」と問いかけると、「親がこの人の話は聞いたほうがいいので行ってこいと言ったから」という若者が結構いたというのだ。

日本電産も大企業になり、世の中に社名が知られるようになったから、親が勧めたというわけだろう。普通なら少し気落ちするところだが、永守は相変わらず言いたいことをしっかりと言った。「大きな夢を持って努力せよ。努力は絶対に人を裏切らない」と。

なぜ今どきの学生相手にそんな話をしたのか。永守は「人生とは、チャンスをどう見つけるかという戦いだと思う。せっかくこれから社会人になり、人生の新たなステージに踏み出すのだから、思い切り挑戦してみたらいい」と言いたかったのだ。

永守のように起業するのもいいが、それもすべてではない。しかし、会社員になるのなら、出世の早い会社に入ったらどうかという。

年功的な制度で、ある年齢に達してようやく昇進するという会社ではなくて、頑張ればどんどん引き上げてもらえる。そんな会社だ。「そういう会社には自分を生かすチャンスがあるはず」と永守は言う。

「努力」というのは、そういうチャンスをかぎ分ける嗅覚を身に付けるためのものでもある。一生懸命に頑張るから、今がチャンスというタイミングが分かる。何としても踏ん張ろうという気力がついてくる。努力の中で、気持ちを集中させているからこそ、それが分かるものだ。

永守はサラリーマン時代に、起業の資金を貯めるため、残業代だけで生活し、本給は貯金した。学生時代、講義ではいつも一番前の席に座って、先生が逃げ出すほど質問攻めにしたものだ。「変人だ」と周りは思っただろうが、本人は大真面目だった。いつかは事業を起こそうと思っていたし、いつチャンスがあるか分からないから何事にも集中し続けていたのだ。

再生や再建達成後のグループ企業の社員や幹部たちに、こういう考え方の一端を折に触れて話す。永守が企業再生で重視するのは、ただ業績を回復させるだけではない。社員と幹部に前向きな気持ちを持ってもらうことだ。

学生たちに話した内容は、さまざまな場面を使ってグループ内にしみ出させるようにしている。

心を動かす言葉 29

「絶えず、〝これでよいのか!〟を合い言葉に事にあたる」「責任ある発言を行いましょう」

おや、何かなと思うことだろう。実はこの2つは、日本電産の「社員心得7ヶ条」の一部である。これらを含めて紹介したい。

1 絶えず、〝これでよいのか!〟を合言葉に事にあたりましょう。
2 自分のことを考えると同時に相手のこともよく考えましょう。
3 責任ある発言を行いましょう。
4 実行をもって範を示しましょう。

5　苦しみ楽しみをわかちあえる社員、同志でありましょう。
6　良い事も悪い事も進んで報告、申告出来る社員でありましょう。
7　原価意識、損益意識をもてる社員でありましょう。

平易な言葉で永守思想を端的に表している。「これでよいのか!」と自らに問いかけ、常に改革を志す。責任ある発言とは実行を伴わない浮薄な発言への戒めである。「相手のことも考え、苦しみも楽しみもわかちあえ」とは、チームワークを徹底して重視するという意味だ。

永守の特徴の1つは、こうした標語を多数作って、グループに浸透させ続けることだ。買収した再生企業の場合はなおさら。簡単には日本電産になじんでこない相手だが、永守は自らをキャラクター化し、そこに標語を大書したポスターなどを作成して、社内に張り出す。難しいことを言わなくても意識の底に永守イズムが入り込んでいく仕掛けなのだろう。ポスターの標語もいくつか紹介してみよう。

・不良が信用と利益を喰っている!

・一番以外はビリだ!?
・在庫を徹底的に圧縮しよう。
・シェアNO・1へのこだわり
・君がやらねば誰がやる!

永守が自らの考え方を知ってもらおうとする、さまざまな仕掛けの緻密さは驚くばかりだ。体育会的な厳しさに注目が集まりがちだが、永守の企業再生、競争力強化策は、したたかなほどに綿密である。

「業績は良くなったときが一番危ない」

企業再生や業績悪化した事業の立て直しの難しさは、いったん復活しても、本質的な競争力が付いていなければ、再び悪化する恐れがあることだ。

企業は不振から立ち直っても一度の回復ではまだ本物とはいえない。一度目の復活は、もともとの悪い要素を取り除けばできるが、それは病気が治っただけ。本当の体力が身に付いていないことがあるからだ。

日本電産グループに日本電産コパルという会社がある。1998年にM&Aした企業だ。カメラ部品やシャッターなどのメーカーだったが、コストが過大で赤字を続けた揚げ句、日本電産に買収されることとなった。グループ入り後は、徹底して無駄を削減し、生産性を上げることで再建。1年ですぐに最高益を上げ、以後はグループの優良会社となってきた。

ところが２０１２年頃から急速に業績が悪化した。原因は、同社の製品を採用していたデジタルカメラの市場がスマートフォンの普及で一気に縮小したことだった。復活したと思っても、市場の変化が激しい今は、安心しているとすぐに危うくなる。同社は小型のシャッターを高い精度で生産する技術に強みを持っていたが、一つの事業に頼りすぎたわけだ。

永守は、企業の業績を悪くするもとには、「『マンネリ』『おごり』『怠慢』『妥協』『あきらめ』『油断』がある」と言う。破綻寸前という苦しい時期があっても再生すると、再び、こういう事態に陥りやすいと戒める。

ただし、重要なのは一度苦難を経験していること。すると、その記憶が強みになるという。同社の場合は、得意のシャッター生産技術を生かして、市場が拡大している車載部品などに事業を大きく転換している。車のフロントグリル(開口部)を走行中に閉めるシャッター用モーターなど、多様な新製品に挑んでいる。

ここで重要なのは、環境の変化に敏感であり続けること。復活しても油断、おごりなく「苦難のときを思い起こして、いつも先に起こり得る事象に集中し続けることだ」(永守)。経営者はただ「業績を上げろ」「黒字を維持しろ」と言うだけではだめ。実態も把握せずに無理を言い続けると、現場は最後には不正すら起こしかねないからだ。

永守は、世界中のグループ企業の幹部と四六時中といっていいほど、メールのやりとりをしている。市場の変化や顧客の動向などを今も聞き続け、変化の波頭を捉えようとしている。グループのCEOだから、そういう細かな変化は現場に任せきりにするといったことは絶対にない。いつでも自らが判断できる態勢をとり続ける。

その一方で、良い社員、良い会社、良い製品の3Qと、整理、整頓、清掃、清潔、躾、作法の6Sで世界のグループ企業を監査する部隊を常に動かしている。その部隊がつけるグループ企業の点数を見ていると、工場やグループ会社の本社が正しい仕事の仕方をしているかどうかが分かるとさえ言う。これらに加えて、各グループ会社の原材料仕入れから売り上げまでの時間（キャッシュ化速度）も、常にチェックする。

環境を見て、内部を見て、どれだけ会社が変化についていけているかを把握するわけだ。ただ、「業績を上げろ」と言うだけの経営は、永守の経営ではない。企業の再生、そして競争力の維持・強化は、これほど神経を使い続けなければならないものだ。永守はいつも行動でそれを示し続ける。

第3章

教育と成長

会社の仕事のすべてが教育になる

心を動かす言葉
31

「やったこともない購買に
取り組もうと思ったら
猛烈に勉強しないといかんでしょう。
それが大事なんですよ」

永守が、まるで種明かしをするように筆者にそう語ったことがある。この言葉が何のことかお分かりだろうか。

管理職や一般社員が5人一組で交代しながら、資材や物品の購入先と交渉して、価格引き下げを図る「Mプロ」の隠れた側面のことだ。Mプロは、購買担当者ではない設計や営業、共通部門の社員らが実行するのである。対象品の価格は知っていても、その資材や物品の市場がどう動いてきたのか、市況はどうなるのか、あるいは価格に影響する技術開発動向はどうなっているのか、といったことは知らない。そもそも、その種の価格交渉をしたこともない社員も少なくない。

普通に考えれば、そんな社員たちに購買交渉をさせること自体がナンセンスだが、永守はむしろプラスと見る。価格引き下げを達成するという結果自体は購買担当者であろうと、そうでなかろうと同じ。とすれば、他の部署の社員が担当する場合は、徹底的に勉強をしなければならないだろうし、独自の工夫が必要になる。それが社員教育になるというのである。業務自体に教育の要素を持たせているのだ。

「例えば、うちの製品で販売すると損の出るものがあるとする。その原因の多くが原材料の高さにあるのなら、生産部門の社員はものづくりの側から、設計部門の社員は設計の面から『もっと、できることがあるのでは』と考える。基礎的な知識は猛烈に習得しなければいけないが、社員には大変な勉強になるし、交渉として考えても新しい視点で取り組む利点がある」。それにしても容易なことであるはずがない。現場では、一体どうなっているのか。次の言葉とともに、それを見てみよう。

32

「業績が悪い会社の一番の問題はコスト。だから『本来こうなるはずというコスト構造』から徹底的に教えないといけない」

「仕入れ価格を大幅に下げようとするなら、一般的な相見積もりだけでは無理。全く違う仕入れ先を探すか、設計や生産方法から変えないといけないから真剣に検討することになる」

永守はこう言う。そこが教育の意味も持つ。

日本電産サンキョーの再建完了から約10年たった頃、筆者は同社の若手技術者に話を聞いたことがある。既に危機の時期から時間も経過して、多少の緩みもあるだろうと思っていたら、様子が違った。

この若手はソフト技術者だったが、工場のボイラーの買い替え交渉を受け持った。その際には、ボイラーの価格が製品コストにどう影響するか、原価計算から緻密に実施したという。そこまで細かく分析したからこそ交渉力もついたというわけだ。

その過程で永守はすべての価格を見ていく。「このあたりの価格で」と現場から上がってきても、納得できない限り絶対認めない。

永守に言わせれば、「長年、ものづくりの現場でコスト削減に取り組み、経営者としてさまざまな会社を見て、付き合ってきた経験から『本当の原価』が分かる」。交渉の中で、いくら相手が「これがぎりぎり」と言ってきても、「絶対的な原価が分かっているから、そこまで交渉させる」というのである。

筆者もこの話は20年前から聞かされている。

日本電産本体でも、永守自身が自社のコスト構造を徹底的に分析し、他社と比べながら「ここまで下げられるはず」と判断した上で交渉してきたのではないか。

これを実行するうちに、日本電産自体の規模が大きくなり、バイイングパワーもついてきて、さらに永守の絶対原価が真実味を増したという可能性もある。

いずれにせよ、永守の強烈な〝原価指導力〟も社員の原価教育を本物にしている。

ところで、前出の若手技術者は、こうも言った。

本職のソフト開発の一部を外注した際に、開発期間の設定を巡って業者側と厳しく議論をするようになった。これも、「(Mプロに参加したおかげで)外注する際に、ソフトの中の特定部分ごとに、開発にはどの程度の時間がかかるかをあらかじめ分析するようになった」から。

そのおかげで、交渉時に「『1週間でここまで開発できるはず。見積もりに出ているこの時間は何のためか』といった切り込みができるようになった」と言う。教育は、「教えてみて、やらせてみて、考えさせてみる」ということか。

心を動かす言葉
33

「死力を尽くしたのか」

絶対原価を教え、社員を徹底して指導する際の永守の道具になるのは、実は稟議書である。

稟議書一枚がなぜと感じるだろうが、そこにはきめの細かい仕掛けがある。

例えば、資材や物品の購入の際には、永守の言う絶対原価を示しながら、あらゆる稟議書にコメントを書き込む。

その一つで、かつ最も社員が鼓舞されるのが「死力を尽くしたのか」という言葉である。

社員がこれを見ると、わずかその1行に永守の顔が浮かび、「もうひと頑張りするほかないと思う」という。

経営不振企業を買収して再建する際には、1円以上のあらゆる物品の購入について、稟議書に目を通し、コメントを書き込んでいく。

ただし、「原価などの目標を指導するときは、『簡単ではないけれどできる数字』でないとだめ」と永守は言う。

こう聞くと、永守といえども「頃合い」を考えるのかと思わせるが、そうではない。

「厳しい目標を掲げてやらせてみて、『70％の達成度でもいい』なんて甘い考えではだめだ」（永守）と見ているからだ。

とことん教育なのである。

心を動かす言葉
34

「汚い水の中では良い魚は育たないのと同様に、汚い工場からは、決して良い製品を生み出すことはできない」

永守は、潔癖症かと思わせるほどに清潔さに厳しい。オフィスはもちろんのこと、工場は特に念入りに点検し、まさにチリ一つ落ちていない状態を要求する。

「靴にキズが付いたやないか！」

かつてある会社を買収して間もない頃、その工場に赴いた永守は、幹部らに雷を落とした。

その幹部は、その出来事を語り草にしていたから、相当な厳しさだったのだろう。

かつては幹部だけで1年間、オフィスのトイレ掃除をした時期もあり、今もトイレの清潔さには厳しく目を光らせている。

「便器の汚れを洗い落とし、磨き上げる。そういうことを続けていると、何も言われなくてもお互いがトイレを汚すまいという気持ちになってくる。

そういう習慣が身についてくると、工場や事務所を汚したり、散らかしたりする不心得者もいなくなる」

かつて永守は著書『奇跡の人材育成法』(PHP研究所)で、そう話したことがある。清潔さは整理・整頓があってこそであり、それは工場管理の基本でもある。何より、そうした縁の下の力持ちのような作業を厭わずやる人間は、表裏も少ない。

永守は、そういう社員であってほしいという希望も込めて、掃除の大事さを訴え続けている。

採用は育成の原点である

心を動かす言葉
35

「人を見いだし、育てるには
成績というモノサシだけではなく、
見えないものを測るモノサシを
持たなければいけない」

創業（1973年7月）から間もない1978年、永守は大卒の入社試験で、応募者に昼食用の弁当を出し、早く食べ終わったものから合格とする「早飯試験」をやった。冗談ではなく、本当の話である。

翌年は、便所掃除をきちんとできた学生を採用する便所掃除試験、さらには大声を出せる人を合格にする大声試験、試験場に早く到着した順に採用する到着試験…と、毎年独特の採用をした。

永守に言わせれば「早飯、早便など何事も手早い人間は仕事も早い。リーダーシップを発揮して人を引っ張る人材は、自信があるから声も大きい。試験会場に早く来るのは『先んずれば人を制す』という気持ちがあるから」。

だから採用したというわけだが、そこには秘めた思いがあった。

1つは「1点だけでも人に負けない面を見つけよう」という思いだった。

創業間もない企業に、一流大学の学生からどんどん応募が来ることは普通ない。それなのに一般の企業と同じ学科試験や常識テストをして点数の高い学生を採用したのでは絶対に大企業には勝てない。そう考えていたのである。

そして「歩を金にする」という発想である。

社員向けに永守の考え方を著した『挑戦への道』でこう述べている。

「当社のような会社は、将棋でいえば〝歩〟のようなもの。そこに集まってくるのも〝歩〟の人材であろう。これを拒んでいては人は来ないし、会社も大きくなれない。〝歩〟の人材を確実に育て〝と金〟にする。それが経営者である私の仕事だ」と。

その時々で、会社の体力的にできることには限りがあることを知った上で、独特の手を打つ。そして将来を目指す。永守は採用と育成でもしぶとい。

日本電産は長い間、成績を度外視して採用試験を行っていたが、無視はしていない。永守は入社時に提出された大学の成績を5年後に見る。すると、大声や早飯試験の上位合格者は、やはり入社後の成績も良かったという。

心を動かす言葉
36

「挫折を経験した人間こそ可能性がある」

中途採用にも永守らしいこだわりがある。

永守は中途採用をする際に、前に働いていた企業の社風も参考にするという。おっとりとしたぬるま湯型の企業の出身者は、事なかれ主義になりやすいといった「分析」をする。

もっとも、だから、そういう企業の出身者を採らないわけではない。むしろ、勤めていた企業が破綻したり、業績悪化でリストラされたような人材は貴重だという。

「挫折の苦しさを知っているから、次にその経験を生かそうとする」（永守）と見ているからだ。

元シャープ社長の片山幹雄を２０１４年秋に採用し、その後副会長執行役員（ＣＴＯ

＝最高技術責任者）としているが、永守はいぶかる周囲の声を一蹴して言った。

「（液晶工場などへの巨額投資でシャープは経営危機に陥ったが、その）大きな挫折で、経営者としては重要な経験をしたはず」

むろん、業績を上げなければそれまで。だが、「外見」にとらわれて可能性のある人材を採らないのはナンセンス。

永守はそう見る。

苦労あれば何十倍の喜びあり

心を動かす言葉
37

「この損を取り戻すまで仕事をしろ」

曲折を経ながら、まずまず業績を伸ばしていた1980年。日本電産の取引先のマッサージ機メーカーが倒産し、約7000万円の不渡り手形にかかってしまった。

79年度の売上高は16億1400万円になっていたが、不渡り額は経常利益（1億1600万円）の60％にも相当し、一挙に資金繰りは悪化した。

永守は金策に走り回り、日本電産は揺れた。

このとき、担当したのが大卒採用1期生の若手社員。

本人は辞職も覚悟したというが、永守が厳しく言ったのは「勉強したか」だった。

この出来事で、取引先の開拓の仕方、債権管理の重要性など、営業社員としての基礎を自分で勉強しろというわけだ。そして、追加して言ったのが「この損を取り戻すまで仕事をしろ」だった。

永守の人材教育の基本は、徹頭徹尾、実地である。ＯＪＴ（職場内訓練）とさえ言えないかもしれない。投げ込んで、考えさせて自ら解決させる。

もちろん、放り出したりはしない。常に目を配り、話を聞きながらしかし、自分でやらせる。「やめない。逃げない。ごまかさない」教育を徹底するのである。

ちなみに、永守はこれを機に債権管理を徹底し、売り上げ減を覚悟して数十社との取引を辞退し、取引先を大企業に絞っていった。永守自身もまた、実践の中から学んでいく。転んでも絶対、タダでは起きないのである。

心を動かす言葉

38

「人は嫌なことを後回しにしていきたくなる。しかし、そういう小さな差が後々、大きな差となって表れてくる」

「やめない。逃げない。ごまかさない」について、永守は『挑戦への道』の中でこうも言っている。

「入社してしばらくの間は、それほど難しい仕事はほとんどない。しかし、年月がたつに従って仕事が徐々に難しくなる。そうなると、知らず知らずのうちに〝逃げ〟の気持ちを持つようになる。

できることなら嫌な話は聞きたくない。嫌な仕事はやりたくない、悪い報告はしたくない。そのうちに、今日すべきことを明日に、さらにその翌日へと後回しにしていく。

こういった小さな差が、後々大きな差となって表れてくる」

「すぐやる」を日本電産三大精神の中に掲げているように、日頃何事にもせっかちな永守だが、物事をあきらめない「粘り」に関しては、これまた強烈なものがある。そして社員教育でも、これにこだわり続ける。

何度か聞かされた永守の話にウサギとカメがある。

物語では、競争の途中で寝てしまったウサギを休むことなく歩き続けたカメが追い越して勝つというお話だ。

だが、現実の世界では、ウサギが寝るときにカメも同じように寝ていると永守は言う。

「だから、一流企業と三流の差は埋まらない」と。

つまり、カメを怠けずくじけず、あきらめない本物のカメにする必要がある。

それを反復して言い続けるのは経営者の仕事である。

永守の驚異の粘りは、その発想からきているのだろう。

39

「我流は組織をだめにする。成長の節目、節目でその都度やっていかなければいけない体質改善がある。それができなければ中堅企業にすらなれない」

「歩をと金にする」と言い、「粘りこそ大事」と見る永守の言葉からは、いかに一人ひとりを強者にするかが大事だという雰囲気がある。

強者は大抵の場合、あくが強く、組織になじみにくい。

ところが、永守はそんな我流を徹底して否定する。

急成長してきた会社は、時として我流で物事に対処する傾向があるが、「それは会社の規模が小さなうちは許されても、大きくなるに従って、組織や仕事を混乱させる」と考える。だから、社員は定められた規準や規則、何より同じ考え方でベクトルを合わせ、総合力で前進する企業に進化させないといけないと言う。

これはおそらく、成長の過程での脱皮を説いているのだろう。そしてそれは社員教育そのものである。

永守の目標は、組織で勝つ大企業。

その手前の、組織も人材もそろわない時代はある程度の不ぞろい感はあっても、途中で必ず是正していく。それが会社を大きく育てていくための長期的社員教育であると考えていたのだろう。

「世の中には多くの企業が生まれ続ける。しかし、その多くは大企業どころか、中堅企業にもなれずに姿を消していく。それは成長の節目、節目で(社員教育による)体質改善ができなかったからだろう」

永守はこう言う。

「1人の天才よりも、100人の協調できるガンバリズムを持った凡才が会社を担っている」

「我流は組織をだめにする」に近いように見えるが、この言葉の真意は、凡才たちの質を、全員がガンバリズムを持ち、かつ協調できるほど一定以上に上げることにあるのだろう。それこそが永守流教育である。

ただ、漫然と知識教育をするのではない。

必ず利益を上げるという意識、やり抜く精神、責任感を社員に広く徹底して浸透させ、結束して戦うことを教える。傑出した社員1人のアイデアや実行力で成果を上げるより、そのほうが組織は強いと考えているのである。

そのための仕掛けが、仕事の中で社員に自ら考え、工夫させること。

そして、永守自身も社員、幹部らと頻繁に食事をして話し、稟議書でやり取りしていくことだろう。

決して任せきりにせず、言ったことを実行するかどうかを見続ける。考えてみれば、全く普通の仕掛けが社員を変えているわけだが、より重要なのはその原点として、「凡才が会社を担う」と社員たちに宣言していることだろう。「協調できるガンバリズムを持った凡才」となってほしいという目標を明確に示しているのである。

社員教育の要点はこんなところにもあるはずだ。

「幹部こそ叱って育てよ」

「社員教育の基本は叱ることに始まり、叱ることに終わると思っている」

永守はこう言う。

ただし、若手社員はさすがにいきなり叱りつけたりはしない。少し前のことだが、若手を叱る際には、「1年くらいかけて、相手のモノの考え方や反応の仕方などを、調査・観察して、叱り方を検討してから」と言っていた。

だが、幹部は別だという。

「彼らはすぐにも社員を叱れるようにならないといけない」からだ。叱れないといけないから鍛え上げるというわけだ。

「最近は、少し大声で怒鳴られ、叱られるとすぐに参ってしまう若者が増えている」。『挑戦への道』の中で、永守はこう言いながら、もっと大きな問題をすぐに指摘している。それは「部下を叱ることのできない幹部が増えている」ことだ。

「叱ってくれるということは、上司が自分に関心を持っているということ。望みがあるから叱る。『なにくそっ』とやる気を起こしてくれる可能性があるから叱る」のだと話す。つまり、叱る相手を、優秀で頼りにしているから叱っているというわけだ。

大事なのは、「叱るのは期待しているから」という部分。ここを社内の共通認識にしてしまうことが鍵なのだろう。

大企業となった最近は、前ほどではないが、永守は幹部に対して、なお厳しい指導をしている。

心を動かす言葉
42

「奇人変人の創業者とどう向き合えばよいのか！」

永守が幹部をいかに厳しく鍛えるか。「奇人変人の…」は永守が、ある幹部を叱責したときの自らの思いを、他の幹部にメールしたものだ。永守らしい強烈さにたじろぐ部分もあるが、その考え方を理解していただくためにここに掲載する。

＊　＊　＊

（以下、永守のメール）日頃から会議の席上やメールなどで幹部が私からの罵倒を受けることがある。以下のメールはたまたまある会議でのことで、ある幹部に発したものである。奇人変人の創業者とどう向き合って貰えばよいのかのヒントが隠されているので参考までに読んでおいてほしい。（略）

君のように大企業から日本電産に入社した人物の多くが、私からいろいろと厳しく罵倒や叱責を受けて追い込まれるとすぐに「それでは責任を取らせてもらいます」とか「そんなことを言われるなら私を切り捨てて下さい」と言って、私の元を去っていったり、辞めて敵前逃亡していく人が多かったように思う。

ただ「責任を取ります」と言って辞めていくことや、自分で自分を「切り捨てろ！」と発言していくことがどうして責任を取ったり、自己退職につながる行為になることになるのかが私にはいまださっぱり分からないがな！ ここがサラリーマン社長の会社と変人奇人が多い創業者オーナーの会社との大きな違いと言えば違いだろうと思うが、どうだろうか？（略）

どの創業者も自分が創業した会社は自分の身体の一部であるので、命をかけて自分の会社を守ろうとしていることだけは理解してほしい。だから私は勝手な言い方だろうと思うが「すぐ言い訳する、泣く、開き直る、逃げる、辞める」と続く人間を信用出来ないのである。

ただ日本電産を創業して40年間、私から罵倒や雑言、叱責の類を受け続けても一度たりとも最後の言葉をはかなかった小部副会長（執行役員ＣＳＯ＝最高営業責任者）を筆頭に多くの創業時幹部や、その後の心ある途中入社幹部など他に支えられて日本電産の今日がある。

（略）叱責に耐えて頑張ってくれたからこそ、現在の日本電産が存在していると言っても過言ではないだろう。だから途中入社の幹部にも一体何処まで私の叱責に耐えられるかを何時も見極めてから「これなら簡単に敵前逃亡しない人物だから信用出来る」と判断して責任ある地位に登用してきた。いわばストレステストに合格してもらうことで信頼関係が構築出来たと判断するやり方である。

何故なら何か言われたらすぐに「辞めます」や「私を切れ！」等と言ってくる人と、このような厳しい経済環境と経営環境の中で一緒に経営などをやれる自信が私にはないからである。確かに高い能力も必要ではあるが、創業者であり変人奇人かつ異端児を自称する私への理解がないととても力を合わせてやっていけないのではないだろうか！お世辞を言ったり褒めて倒してしかやってくれない人物では、厳しい経営には限界がある。（略）

私は、日本電産という会社を世界的な大企業に発展させていきたいという私の野心や夢を共有してくれる人と一緒にこれからも頑張っていきたい。だから逃げていくなら早い方が良いのではないだろうか？　この世の中私が持つ野心や夢に共鳴して「一緒にやりましょう」と言ってくれる人間は必ずいると信じている。今後もそういう人材を探し求めて成長発展させていく決意である。

＊　＊　＊

おそらくは大企業から移ってきた幹部が、何かの折に永守に叱責され、「それなら責任を取ります」「辞めます」と反論したのに対して送ったメールを、他の幹部に回したものだろう。「君のように…」から後が、当人へのメールと見られる。

永守自身、「勝手な言い方」と話しているように、罵倒や雑言や叱責に耐えろと言っているように受け取れる面もある。だが筆者には、ここに永守経営の１つの根幹があるように感じられる。それは一言でいえば「思い」である。

徹底したコスト削減で見せる「集中力」、赤字は罪悪と言い切り、何としても利益を出す、そのために困難なこともやり抜くという「強い意志」。そして、絶対に競争に勝ち抜くという「強固な気持ち」…。

すべてが永守の思いの表れであり、幹部教育もそこから発しているのだろう。

心を動かす言葉
43

「最初は3つ褒めて1つ叱る。この比率を段々に逆転させていく」

では、若手に対してはどうするのか。

創業時代は違うようだが、最近永守は、筆者にこう話した。

「1つ叱ったら、1つハグしないといかん」

叱るだけではだめで、褒めることも合わせてやって、やる気を失わせないようにするというわけだ。

ただし、これには前段がある。

「(若者に対しては)褒めるだけではなく、叱ることも絶対に怠らない」

それを最初は3つ褒めて、1つ叱る。途中から3つ褒めて2つ叱る。さらに次は3つ褒めて3つ叱る、とこの比率をだんだんに逆転させていく。

このとき大事なのが、「叱るのは期待があるから」という社内の共通認識があること。

叱られていくほど、むしろ一人前になっているというわけだ。

とはいえ、難しいのは間違いない。

それがなぜ永守にできるのかといえば、一つには、徒手空拳で日本電産を世界最大のモーターメーカーに育てた実績がある。そして、もともとが技術者で、永守のモーターに関する書籍は、技術者の間で今も読まれているほどにモーター自体に詳しい。そして、「絶対原価」の話にも見られるように、生産自体も徹底的に研究している。

徹底したハードワークに猛烈な勉強という努力を重ね、そのうえに、持ち前の関西人的なユーモアを載せられれば…もはや聞くほかない。

誰にもまねできることではないが、何一つまねのできないことでもない。

そこを忘れてはならないだろう。

自ら燃える社員をつくる

心を動かす言葉
44

「人間のタイプには3つある。
その第一は、自分自身で燃えられる人間、
第二は他人が燃えたら燃える人間、
そして第三はいかなる材料があっても
全く燃えない人間。
少なくとも第二の人間にならなければ、
組織の中では通用しない」

永守の社員教育の根幹はここにある。「自分で自身を鼓舞して突き進める社員」をつくることである。叱られたら「なにくそっ」と反発する精神が大事だと言っているように、燃える精神、エネルギーを重視する。

叱る以外にもそのための仕掛けはある。

例えば降格。日本電産では、役職の降格は珍しくない。最近は、そうした企業も珍しくなくなったが、早い時期から取り組んできた。信賞必罰を明確にすることや若手の力を生かすためでもある。しかし、その一方で「復活もまた珍しくない」(永守)という。

大事なのはくじけないこと。

「失敗は必ず解決策を一緒に連れてくる」。永守はしばしばこう言う。もちろん、失敗がすべて次の成功につながるわけはない。くじけず、あきらめず、失敗を反省して、方法を変えて再度挑戦する。その「なにくそっ」魂が次の成功をもたらすというわけだ。

あるいは「EQ(感性指数)値を高めよう」とも永守はよく言う。IQ(知能指数)だけではなく、人間としての総合的な感性を豊かにしよう。そのEQ値の高い人は、「常に楽観的、客観的に物事を見て、自分を励まし、不安や怒りの感情を自ら制御する能力の持ち主である」(『挑戦への道』)と。自分を鼓舞して不安を制御し、挑戦していく。燃える社員を求める裏にはその期待も大きい。

心を動かす言葉
45

「社内結婚をしたくなるような会社にしよう」

教育は上からだけではない。横からでも下からでもできる。

仕事には極めて厳しい永守だが、社員には「お互いが何でも話し合える仲になることが大事だ」と言い続けている。

まだ会社の規模が小さい頃には、男性社員が結婚する相手の女性に、永守自らが「こんな会社だ」と、とうとうと話したことも珍しくない。若手社員にも、どんな生活をしているのかプライベートなことも聞いたり、自分の家庭の話をしたりしてきた。規模の小さい頃からこんなふうだから、社内では今もそんな風景が珍しくない。

社内結婚もしかり。最近は、やや敬遠する風潮もあるが、永守は今なお「社内結婚をしたくなるような会社はいい組織」と言う。古き良き「昭和な会社」の風情を求めているかのようである。

なぜなのか。

これは永守が重視する「協調」とも密接に結びついている。

お互いがよく知り合い、どんな言い方をすると、どういう反応をしてくるというあたりまで分かっているからこそ、上からだけではなく、横からも下からもさまざまな指摘や意見が出やすくなる。

ある社員が上司に叱られたときも、周りが黙っているのではなく、気軽に意見を言えれば叱責の意味を理解しやすくなるかもしれない。個人の教育という面で見れば、その効果は大きい。

相手の思いや気持ちが分からず、お互いに隠し合っていると、結局不満が内向しやすくなる。それでは本物の協調にはなりにくい。その意味では協調のための教育環境づくりでもあるようだ。

「社員の評価は『考え方』と『熱意』と『能力』で決まる」

永守は、社員の評価の仕方をこんなふうに示している。

Y＝A＋B＋C
Y＝日本電産社員の評価値
A＝社員の基本的なモノの考え方（Ｎｉｄｅｃポリシーの理解度）
B＝仕事などに対する熱意
C＝能力

仕事に対する熱意と能力の大事さはこれまでも触れてきたが、もう一つ重要なのは、日本電産のものの考え方、永守イズムをどれだけ理解しているかに比重を置いていることだ。社員はだから、『挑戦への道』に記された日本電産（Nidec）のポリシーであり、永守イズムを繰り返し読み込み、理解することが大事になる。

これが教育の根源であると同時に、昇進や昇格、給与、賞与などの仕組みもこの考え方を基本にしているという。

例えば、昇進・昇格や賞与は、実績やその変化率、日本電産ポリシーの理解度（実践度）、全社と部門の業績や個人の貢献度・能力で決まるとされる。業績だけ上げればいいというわけではないのである。

「どんな事業をやるにも定石や基本がある。盤石な基礎の上に成功はある」

あえて言うまでもないことだが、永守の言葉にはさまざまなところに「基礎づくり」がある。人材は最も重要な基礎である。だから永守は今も、現場に気を配り続ける。現場の社員たちと昼食会を開き、話をすることを欠かさないのもその一つ。

ここは前にも触れたが、メールアドレスも日本電産本体と国内外の子会社社員に公開し、「直メール」を受け付けている。

すると、「現場の問題から改善提案までさまざまなものが来る」と永守。中には「自分の価値を上司が認めてくれない」という直訴もある。

直接メールを受け付けているだけでも、まず例がないが、仮に受けていても、こんなとき普通は、人事部門に回して対処させるだろう。

ところが、永守は部署の関係者に知られないように当該人物の評価を調べる。その上でこんな返事をする。

「君の評価は上司だけでなく、周囲からも高くはないようだよ。もう一度自分を見つめ直して、努力し直したらどうかな」と。むろん逆のケースもある。

個別に問題解決をしていくことで社員の育成につなげていく姿勢は、さすがに驚くべきものだが、おそらくはそんな中から現場で起きている人事上の問題を感知できるようにカンを研ぎ澄ませているのだろう。

人づくりのためには、努力は惜しまない。

心を動かす言葉
48

「『去ってほしい社員』と考える7つのタイプ」

かつて永守は、去ってほしい社員のタイプをこう述べた。

①知恵の出ない社員
②言われなければできない社員
③すぐ他人の力に頼る社員
④すぐ責任転嫁をする社員
⑤やる気旺盛でない社員
⑥すぐ不平不満を言う社員
⑦よく休み、よく遅れる社員

これは、本当に辞めてほしいということではなくて、少しでもそう思える社員に奮起してもらうための類型化ではないか。

知恵がなければ、それを補う方法を考える。「言われないとできない」とすれば、気を付けることは一つ、「言われる前」のタイミングにいつも気を配ることだ。「他人の力に頼る」のがいけないのではなく、「他人の力のみを当てにして自分は何もしない」ことを否定しているのだろう。自分の能力が低いとしても、できるだけ力を出し、他人の力と組み合わせてできることを計画・企画にして示せれば状況は変わる。

永守の「去ってほしい」の仕掛けには、こうした教育的な思惑が含まれているはずだ。20年以上、取材を続けてきた中で、それを感じる。

第4章

上司と部下

働くことが好きでなければ人は動かない

心を動かす言葉
49

「上司は部下に対する御用聞きにならなければいけない」

永守の言葉の中にこんなものがある。

「部下に対して、もっときっちり報告しろという人ほど、自分の上司には報告しないことが多い。自分のできないこと、やらないことを部下に押しつけるのは間違っていることに気付かなければならない」

そういうことはあるだろうが、そうとばかりも言えないように思えて、この言葉の意味を問うたときに返ってきたのが「上司は…」から始まるひと言である。

「管理職の中には、部下は自分に報告してくるのが当たり前と思っている人物が少なくない。だから、何も言ってこなければ何もないと思い、聞こうとしない。そういう人物に限って、自分も上司に対してちゃんと報告していないものだ」

ここで永守が問題にするのは「上司が聞かない」ことだ。永守に言わせれば、上司の重要な仕事は「悪い報告をいかに早くさせるか」だ。

何か問題が起きたときに素早く対処できるかどうかは、極端に言えば企業の死命を制する。だから現場で起きている異変はすぐに上がるようにしていなければならない。部下から悪い報告が来なければ、上司は自ら御用聞きとなって聞き取りに行かなければならない。

永守は「メール魔」である。

一般社員からでもメールを上げさせ、時間を見つけてはどんどん答えていく。答えるから次のメールも来る。

そうやって、永守自身、今もなお現場の問題を見つけ出そうとしているのである。

心を動かす言葉
50

「部下の中で、味方は2割でいい」

課長になるなど、初めて部下を持ったときに何を考えるべきか。永守はこう言う。

①(自分にとっての)過去の上司の良くない点の逆を行け。
②部下が何かミスをしたときに、あげつらって追い込まない。
③部下が何かの仕事で成功したときには一緒に喜ぶ。

①は、上司という人たちの陥りやすい悪い点を反面教師にしろということ。良くない点は同じことをしないようにして、長所をまねることが大事だという。
②は、部下を追い込んだときに起きる問題を気にしているのである。上司が部下のミスをあれこれあげつらって追い込むと、部下は「自分だけが悪いわけじゃない」と考えだ

す。そのうちに、会社や上司、同僚に責任を転嫁しだす。それが、次の問題を引き起こしかねないことを心配しているのである。

③はこの言葉の通り。共に喜ぶことで共感を強めよというわけだ。

ただし、こう言いながら永守は、「優しすぎる上司」になることは厳に戒める。言うべきことはしっかり言って、部下に厳しい指導力を持たなければ上司の意味はない。

そんな思いを含めて「管理職になったら、自分の思いを絶対に支持してくれる部下は、最初は2割でいい。全員に反発されたら仕事にならない」と言う。その上で、「後は実績を上げること。そうすれば、残りの8割もいずれ付いてくる」と指摘する。

3カ条と2割の法則は矛盾するようでいて、そうではない。

3カ条は原則。そんな中から何があっても付いてくる2割の支持を持ちながら、必要なときは嫌われても果断に動く。そういうことだろう。

「部下を思ったように動かせないと感じているリーダーは、自分の何気ない言動を見直して、むしろその反対をやってみるべき」

これも「反面教師」論だが、永守らしさがあるのは「自分を見つめ直せ」という点。常に強気でがんがん押しまくるばかりのように見えて、永守の実像はかなり異なる。大胆だが、その実、意外なほどの慎重さを持っている。順調なときも逆風のときも、自らを省みることを忘れない。攻め続けていても、どこかで「本当に大丈夫か」と自分を客観視する。「反面教師」には、その点でまず意味がある。

さらに言えば、「部下を使おうとする努力を怠っていないか」という点である。

管理職になると、どうしても部下のアラを見てしまう。「○○は協調性がない」「△△

はすぐへこたれる」といった類いは、誰にもあることだろう。

そこで永守は言う。「管理職側が笑顔を見せろ」と。

笑顔を見せると相手も好意を持つ。そこから仲間意識も生まれて、頼み事を聞いてくれやすくなる。笑顔とともに、具体的にどうすればいいのかを話しながら部下を動かすというわけだ。

前章で永守の社員教育論の一つは「厳しく叱る」ことでもあると書いた。これとの整合性はまさに笑顔なのだろう。永守という人物には独特のユーモアがある。怒られれば、部下もカッとすることはあるはずだが、結局憎みきれないのはそれがあるからだろう。あいつがだめだ、こいつは使えないと愚痴ばかりこぼしていても前には進まない。それはリーダーが部下を使おうとする努力を怠っているだけということなのだろう。

52

「新入社員教育は、企業の理念・行動原理を理詰めで説く。そして、それを体得する仕組みをつくり、行動にしていく」

教育論のようだが、むしろ管理職こそ心したい言葉である。新人のみならず、若手社員に管理職はどう接する必要があるかを説いている。

若手、特に新人時代は、必要なスキルを身に付けると同時に、企業が持つ考え方・理念、行動原理をしっかりと体得してもらう時期でもある。

若手こそ、知識や知見を身に付ける必要性があるのは言うまでもない。だが、それだけでは企業の強みにはならない。

「知識や知見は、企業固有の理念、行動原理と一体となってこそ、強さになる」と言う。

そのために管理職は何を考えるべきか。

１つは理詰めで理解してもらうように努めることだという。企業の理念を理解してもらうにしても、なぜこう動いてほしいのか、当社はどうして、そういう行動を大事にするのかといったことを管理職は分解して話す必要がある。

例えば、日本電産には「圧勝の3条件」という考え方がある。「(市場には)一番に参入する」「技術優位性で勝つ」「低コストである」といったものだ。常に速いスピードで動き、技術とコストで勝つ意識を持てということだ。

永守はこれを「押しつけるのではなく、分かってもらうところから始めることが今は必要」と説く。管理職にとっては易しいようで難しい。管理職が優しい言い方ばかりするというのも現実的ではないし、怒鳴りつけるのはもっと難しい。

肝心なのは、管理職自身が企業の理念や行動原理を芯から理解しているかだ。理念や行動原理は、戦略や戦術と一体のもの。管理職はだからこそ、その重要性を若手に早い時期に理解させなければいけない。

昔は「やるぞ！」と声をかけると、「とにかく走り出す部下が多かった」(永守)。走りながら企業の考え方を理解していた。

だから、永守の考えていることと違っていたりして失敗も起きたというが、まだそれでやれる時代だった。

しかし、最近は競争が極めて激しいし、市場の変化が猛烈に速い。トライ・アンド・エラーのようなことをやっていては非効率になっている。だから、まず理解させるように管理職は動かないといけないというわけだ。

管理職に必要な能力は「辛抱」でもあるようだ。

心を動かす言葉
53

「部下の人望を得る5つの条件は『あきらめない』『悪口は言わない』『ごまかさない』『正論で追い込まない』『休まない』だ」

これは、永守が部下をうまく動かしている管理職の共通項として感じているものだという。最初の「あきらめない」は、いかにも永守らしい。やると決めたことはやり抜く。そういう姿勢を持つ上司なら部下はついていく。もちろん、口だけで途中で投げ出すような上司はすぐに見抜かれる。安心してついていけないから、誰も本気で従わなくなるという。

2番目の「悪口は言わない」とは、「陰で部下の悪口を言わない」ということである。管理職自らが、部下の悪口を言うのはもってのほか。部下の一人が同僚のことを悪く言っているような場合でも、たしなめなくてはいけないという。その心は、組織の強さはチームワーク、協調と考えているからだ。

3番目の「ごまかさない」は、部下をごまかしたり、嘘をついたりすると、すぐに見抜かれる。部下は見ていないようでよく見ているのである。

そして4番目の「正論で…」は、「追い込まない」にポイントがある。理屈を全否定するわけではなく、部下の側も失敗とその原因に気付いているならしつこく言い続けないほうが良いと忠告しているのである。

5番目が「休まない」。働き方改革の時代にどうかという感じもあるだろうが、要は部下の信頼を得るということ。率先垂範、骨身を惜しまず働く上司を軽んずる部下はいない。まずは信頼される努力をしようということだ。

上司自身が成長すべし

心を動かす言葉
54

「日曜の夜は、翌日の仕事のことを考えて楽しく、月曜の朝はもっとワクワクする」

これも永守から何度か聞かされた。永守自身が、日曜になると次の日に仕事ができると思ってうずうずしているという話である。

大抵の人なら、日曜の夜は「明日からまた仕事だ」とやや憂鬱な気持ちにもなるところだが、永守は、はち切れんばかりの思いとともに気をはやらせているという。真顔で言っていたから、本気である。

管理職たる者そうあれ、と言ったわけではないが、そのくらい本気なら人は付いてくると考えているのはおそらく間違いない。絶対的な積極性である。仕事に常に前向きに取り組むから、表情は明るくなるし、アイデアも出てくる。職場の風通しも良くなって、動きが速くなる。そう考えているのだろう。

同じような言葉に「『できない』とか、『無理だ』といった否定語を使わない」というものもある。自己暗示なのかと感じたことさえあるが、永守は本気だし、大真面目である。肝心なのはそのくらい集中することだ。永守はそう言う。

リーダーが後ろ向きになったら、組織が動かないのは確かだ。管理職が躊躇ばかりしていたり、足踏みを繰り返していたりしたら、部下はとても前に進めない。

だから「成功するかしないかは、結局自分に勝てるかどうか」(永守)となる。管理職は率先して、前に向いて走り、部下を引っ張る。大事なのはその心だ。

心を動かす言葉

55

「リーダーたるもの部下には『任せて任せるな』」

権限委譲は、部下を育てるために必須だとされる。

ただし、命令されるばかりで自ら考える部分がなければ、仕事は作業になるばかりで創造はない。それでは人が育たないのは当然だから、「任せて考えさせる」権限委譲は、組織を動かし、活性化するために重要なものとなる。

それ自体、否定する要素はないが、企業にとって気を付けなければいけないのは、権限委譲をすると、そのまま放任してしまう管理職がいることだ。権限委譲の頃合いが分からないというのか、権限委譲を責任委譲と勘違いしてしまうというわけだ。

永守はそこを強く戒める。「権限は渡しても責任を取るのが管理職の仕事」と考えているからだ。つまり、管理職は、権限を委譲しても常に見ていなければいけない。自分の指示する方向にベストの手段で動いているのか。躊躇するような出来事があったときには、すぐに自分のところに報告に来るのか。そして、何かあれば即座に対策に乗り出すのが管理職の役割だと言う。

「任せて任せるな」

重要なのはそこだと言うのである。もちろん、仕事がわずかに停滞したからといってすぐに上司が乗り出していたら、何のための権限委譲か分からなくなる。だから、部下に任せた仕事の状況を忘れずに見ていて、ぎりぎりのタイミングまで待つことも大事である。

管理職はその意味で、自らを鍛える必要がある。曖昧な指示を与えてしまうと、その後の進捗管理が難しくなるし、部下もどのタイミングで報告すればいいか分からなくなる。だから、指示は明確に。そして普段から部下との意思疎通をしっかりしておくこと。そうしないと「悪い報告がすぐに上がらなくなる」(永守)からだ。

そして、最も意識すべきなのは「責任は上司にある」(同)ということだ。結果に対する責任は、管理職の側にあるのだから放任などできるはずはない。中には、「部下を信じて任せたのに裏切られた」といった繰り言をいう管理職もいるが、永守の思想からすれば、それは「もってのほか」である。

心を動かす言葉
56

「社員には『自分は会社にとって必要な人間だ』と思ってほしい」

「どうすれば同僚の信頼感を得られるか」という話を永守としていた際にふと出たのが、この言葉だった。

「必要な人間」って何だろう。筆者が一瞬戸惑っていると、永守は言った。「必要な人間だから、簡単に休んだり困難から逃げているると、周りに迷惑をかけることになる。そう思ってほしい」と。

これを管理職の側から考えると、部下に「自分は必要な人間だ」と思わせることが重要ということなのだろう。責任感であり、やる気であり、困難に対する突破力は、自らを「必要な人間」と信じることから始まる。管理職たるもの、その思いを部下に持たせるのは極めて大事な仕事になるはずだ。

で、どうすればいいのか。

処方箋は千変万化だから一概に言えるわけはない。永守は国内、海外の子会社に行くと必ず現地の幹部、一般社員と昼夜食事をして話をすると前に書いた。では、そこで何をしているのか。ひたすら質問をするのである。

「君は何をしている」「仕事は面白いか」「部署は何に取り組んでいる」――。

社員が何かを答えると、次は例えばこう言う。

「その仕事はもっと改善できる」「もっと試してみい」「まだまだ伸びるぞ」と。話して話して、話し倒す。その中から社員のやる気が生まれると信じているのである。

もちろん、社長の言葉だけでは、気持ちの盛り上がらない社員もいるだろう。しかし、より身近な上司が同じように話し倒せば、その効果はきっとあるはずだ。

心を動かす言葉
57

「部下を課長に育てないと、君は永遠に課長のままだ」

この言葉の裏には「出世したければ、自分の所属する部署の業績を上げ、その組織を大きくするのが一番の近道だ」という永守の思いがある。永守は、日本電産の永続的拡大を目指し続ける強い成長論者である。だから管理職にもその強い気持ちを求める。

管理職と言うから「管理」のイメージばかりが強くなるが、永守が言うのは「中間層こそが成長に向けた強いモチベーションを持つべきだ」ということだろう。

企業の成長が止まれば、採用はできなくなる。そうなれば、いつまでも昇進できず、より大きな仕事をするチャンスもなくなる。昇進はなく、面白い仕事に挑む楽しみもなくなる。これは上司としての意識の持ち方を説いたものでもある。

さらに永守一流の言い方がある。組織を拡大すれば出世できるということは「ポストは自分で決められる」。管理職は「一丁上がり」などとおつに構えている場合ではない。

心を動かす言葉
58

「話し方は聞き手の地位に応じて変えよ」

永守は、同じテーマで話すときも社員の地位によって、その中身を変えるという。中身といっても、あまりに範囲が広いから、あえて「危機意識」と、その反対の「夢」に分けてみると、その比率はこうなる。

・役員や上級幹部が相手の場合は、「危機意識」90％、「夢」10％
・部課長クラスの管理職の場合は、「危機意識」70％、「夢」30％
・主任クラスの場合は、「危機意識」50％、「夢」50％
・一般社員に対する場合は、「危機意識」30％、「夢」70％

自分が役員などの上級幹部、部課長なら、その下の層に対してどのように話をするかという点で、同じである。これは、それぞれの役割の違いによるものだという。

特に一般社員は、夢を持って前に攻める気持ちが大事。だからその要素を増やすのだという。

所属する部署や事業本部の戦略、取り組みや製品、サービスをしっかり実行すれば、こうなれるといった調子で話す。重要なのは積極性や意欲を盛り上げられるように話すこと、あまり危機感をあおりすぎると萎縮してしまうのを避けるためだという。

逆に幹部や管理職の場合は、リスク管理が重要な仕事。

国内外の市場はどう動いているのか、ライバルの技術・製品開発動向と競争環境の変化、顧客の動向の変化…といったようにストレートに話し、リスク管理をきめ細かくやっていく意識付けをするという。

ただし、これも状況によって変わるのは当然。例えば、業績が悪化した企業を買収した際に、永守は一般社員を含めた全員に危機感を持つことを訴える。これは全員の心を一つにして向かうべき方向へ気持ちのベクトルを合わせるためだ。

管理職となれば、相手や状況に応じた話し方を常に心がける必要がある。そう言うのである。

59

「あるオーナー経営者は、
業績が絶好調のときも毎年、
年頭に幹部に向けてこう挨拶していた。
『昨年はたまたま業績が良かった。
しかし、今年はこれだけ危ない要素がある』と。
半ば本当でないことは
幹部・管理職とも分かっていただろう。
だが、幹部・管理職たるもの、
その緊張感が大事なのだ」

一つ前の言葉と同じではないかと思うかもしれない。しかし、ここでのポイントは、「緊張感」である。このオーナー経営者は10年間も同じ話をし続け、皆、大真面目に聞いていたそうだ。相手がオーナーだからではない。その言葉に「緊張感」が溢れていたからである。会社を思い、社員を思い、去年の業績におごっていたら、何が起こるか分からないと訴えかける姿に引きつけられたのだろう。

永守がこの言葉を大事にしているのは、幹部・管理職は風の音にも敏感になるほどに変化に対する緊張感を持ってほしいと思っているからではないか。

日本電産の子会社、日本電産サンキョーが2013年9月に三菱マテリアルから買収した日本電産サンキョーシーエムアイは、自動車に使うスイッチやリレー部品などに入る電気接点という部材を開発・生産している。

もともと業績はまずまずだったが、財閥系で比較的おっとりした社風だった。ところが、日本電産グループ入りして以後、幹部の行動が目に見えて変わった。

「2日に1回は、計画に対する進捗率を見て、すぐに対策を取るようになった。商談先への提案の当否も即座に分析して、不合格となったものはどう対応するかを直ちに決めて動く。コストダウン策も毎月、検討し続けている。環境の変化に対する感度は、かなり変わったと思う」。同社社長の野網明は表情を引き締めながらこう言う。

買収から4年。幹部・管理職層の変化対応の緊張感は相当に高まったようだ。

心を動かす言葉
60

「管理職はトップの指示を咀嚼する力を身につけよ」

日本電産にM&Aされたあるグループ企業の幹部がかつてこう言ったことがある。

「日本電産の傘下に入って、コスト削減を厳しくやっていこうということになったが、実は我々は買収される前から自社でも取り組んでいた。ところが、社長から管理職を通じて社内に伝わる頃には、何となく薄れて本気度が上がらなかった」と。

一つにはこの会社は、もともと事業部制が徹底していて、部品や部材を購入する際に、事業部がそれぞれで動いてしまい、全社的な購買コストに対する意識が薄かったという問題があった。業績の良くない企業によくある部門の壁が引き起こす弊害である。

しかし、そこには別の理由もあるだろう。

トップの考えを伝える管理職がきちんと、それを咀嚼して部下に具体的な指示を出していなかったのではないか。永守はしばしば、そうした管理職層の「咀嚼力のなさ」を重大な問題として指摘する。当然ながら、組織が大きくなり、官僚的になるほど、この難題は大きくなる。

ただし、その割には目に見えにくい。なぜなら管理職たちは一応、トップの考えを部下に伝えているからだ。ところが、それをしっかり理解した上で細かく砕いた具体的な指示にしないから、現場に届く頃には砂漠に水をまいたように消えていく。目立たないが、実はこれは大きな問題である。

この「病」に対する対策は難しい。トップの「指示」と、改善の「結果」という2つの間の落差を見極め、何が起きているのかを分析し、管理職層の「咀嚼力」「指示出し能力」の改善を図っていく。そういうことだろうか。

管理職の人間性が業績をつくっていく

心を動かす言葉
61

「〝能力は一流、人間は三流〟の部門長の下では業績は五流以下である」

「人を動かそうとするときに大事なのは、『心』と『情』である。これを解していなければ、部下は思うように働いてくれない」。幹部や管理職層が念頭にあるのだろう。永守はよくこう話す。

普段、仕事に関しては厳しさの塊のような永守だが、心と情については常にこう言う。では、具体的に管理職は何をすればいいのだろう。

例えばその一つは「部下に対しては本音と建前を使い分けない」ということではないだろうか。叱るときには本気で叱り、部下の成功を喜ぶときには一緒になって小躍りする。そんなことを指しているようだ。

「部下の陰口を言わない」ということをしばしば言うように、上司として大事なことの一つは部下から表裏のある人間と思われないことだと考えているのだろう。

表裏ある上司だと思えば、部下は半身の構えで接してくる。警戒して付いていかないと、いつ切り捨てられるか分からないと思うからだ。

永守も「大勢の前で部下が怒られているようなときに、人ごとのように振る舞い、手を差し伸べられないような上司ではだめだ」と言っているように、部下を助けられる「心と情」の行動が大事だと見ている。

ただし、ここからが永守は甘くはない。「心と情」で部下から好かれても、業績を上げられなければそれは長続きしないという。

成果を上げられなければ、結局部下に報いることはできないから、やがて離れていく。勝手だと思えても、幹部や管理職とはそういう役回りである。

心を動かす言葉
62

「『健康管理』『情熱・熱意・執念』『コスト意識』『責任感』『言われる前に動く』『きついツメができる』『すぐ行動』。これが登用される社員の7条件だ」

永守は、かつて登用される社員には7つの条件があるとした。すべてを備えていないとだめだとは言わないだろうが、重視する点である。幹部や管理職は、この7つを「それなり以上」に備える必要があるとも言えるだろう。細かくいうとこうなる。

「健康管理ができる」
「仕事に対する情熱・熱意・執念を持ち続ける」

「いかなるときもコスト意識を持つ」
「仕事に対する強い責任感を持つ」
「言われる前にできる(仕事に踏み出せる)」
「きついツメができる」
「すぐ行動に移せる」

今から30年以上も前の日本電産の年間スローガンだったというが、永守と話していると今もこれと変わらぬ考えが感じられるから、考え方はそのままだろう。どれも永守の思いとしては強いが、特に「言われる前にできる」、つまり「言われる前に自ら仕事に取り組む」という言葉は、しばしば聞かされるものだ。

これは言ってみれば、先を読んで素早く動く積極性、行動力、分析力が大事だということだろう。

管理職として大事なことを考えてみれば、自らの考えを深めないまま経営者や役員の判断を仰ぐような行動は話にならない、ということになるのではないか。

例えば、経営者の元へ部長クラスが決裁を受けに来たときに、永守は部長自身で判断すべき事項を何の理由もなしに、経営者に受けようとすることを嫌う。

部長には当然、部長としての役割がある。判断や決裁すべきレベルもある。

もちろん案件の中で社長の部分と部長の部分が明確に分かれている場合ばかりではないから、簡単ではない。が、自ら積極的に判断し動いていこうとする意識の有無が大事なのである。

心を動かす言葉

63

「一度の失敗を恐れて何もしない人は進歩しない。しかし、同じ失敗を三度続けてやる人は問題がある」

永守はよく言う。「簡単に辞めると言うな」と。

永守の厳しさや方針に合わなくて、辞めていった幹部・管理職もいるだろう。それを悔いたことはないと話すが、永守の側が「(この人物は)辞めてほしいと思ったことは一度もない」という。失敗したとしても、その失点を何かの成功で取り戻すことこそ本来の責任の取り方だと考えているからだ。

だから、一度の失敗を恐れる必要はないと話す。

ただし、失敗からは学ばなければ意味がない。それは相変わらず厳しい。失敗したときは、その原因は何か。能力不足なのか、市場や顧客などに対する分析が足りなかったのか。その他に要因があるのかをすみやかに分析するべきだという。

そして、再度挑戦する必要があるかどうかを判断し、次のプランを練る。それが管理職の在り方だと言う。

だから、失敗を恐れるなとしながら、分析も判断もなく続けて失敗をすることは認めないのである。

失敗に関して言えば、管理職が意識すべき永守の言葉がもう一つある。

「失敗にもいろいろな失敗がある。成功のもとになる失敗は何度やってもよいが、溝に捨てるような失敗はやるべきではない」

失敗を通じて、どの道で目標に向かうのが正しいかを判断しながら、「溝に捨てるような」ハズレの失敗はしないようにしろということだろう。

「こちらから失敗に近づいていくと、失敗をしないコツ、秘訣も分かってくる」と永守は言う。チャレンジし、しかも成功確率を高めているかどうか。部下は、管理職のその態度を冷静に見ている。

心を動かす言葉
64

「いとも簡単にハンコを押す人が多い。ハンコを押すときは自分がどのような責任と義務を負うかを理解しておかなければならない」

「君は○○（某印鑑メーカーの社名）の奉公人やな」

永守は時折、中堅幹部に冗談交じりにこう言うことがある。判を押すのは、その案件が大きくても小さくても、管理職として責任を取るということ。その印である判を簡単に押していいのかという戒めである。

少し意地悪くも見えるが、他社から中堅幹部が転職してくると、永守はその判の押し方を観察するという。「それが人を表す」というから、安易に押しているかどうかを注意深く見ているのだろう。

業績不振の企業を買収して再建途上にある場合、永守は1円以上の購入品すべての稟議書に目を通すと以前に書いた。

そこで永守が見るのは、「案件の課題を解決しているか」「注意深く判断しているか」だという。原価低減を狙っているのなら、「もっと価格は下げられるのではないか」「なぜこの価格でいいのか」という視点で考えるのだろう。

たかが判一つ、されど判一つである。

心を動かす言葉

65

「1匹のオオカミが率いる49匹の羊の集団と、1匹の羊が率いる49匹のオオカミの集団が戦ったなら、オオカミがリーダーの集団が勝つ」

これは永守の深い信念と言っていい言葉である。

ナポレオン・ボナパルトの言葉だと言われ、オオカミでなく、ライオンという説もある。普通に考えれば、「49匹のオオカミ」がいる集団のほうが強そうに感じられるだろう。何しろ個々に見れば、羊を食べる側の強者がそろっているのである。しかし、実際は「1匹のオオカミが率いる49匹の羊の集団」のほうが強いのだという。

永守が言うのは、それほどにリーダーの役割は大きいということだ。リーダーがしっかりしていないと、部下は強者だらけでもその力を発揮できない。

逆に言えば、強いリーダーは、羊の中にある隠れた力を引き出し、戦いに勝てるようにしていくというわけだ。

おそらく日本電産がまだ中小企業、中堅企業だった時代に、どうやって勝っていくかを考えに考え抜いた際に、こう感じたのだろう。

これはこれで一つの「真理」だが、企業も時に応じて変わっていく。規模も大きくなり、世界にグループが広がるまでになった今、日本電産には世界中に優秀な社員がいる。もはや羊の集団ではあり得ない。

そういう状況になれば、オオカミのリーダーも部下をどう生かすかがまた変わってくるはず。今の「オオカミ」は自らの強さと巧緻さ、そして羊ならぬ部下たちの優秀さをどう組み合わせるかを考えなくてはならなくなる。日本電産の今を、一面で表すようでもあるけれど、そこに企業というものが持つ深さもある。

管理職というリーダーは集中力を高め、部下に目を配り、戦い方を常に考えられるように自らを鍛えていかなければいけない。ちょっときついが、それを忘れることもできないだろう。

第5章

経営者と志

夢は社長

心を動かす言葉
66

「将来はわしも社長になるんや」

最近はなかなか聞くことのない、はっきりとした上昇志向の言葉である。

永守がそう思ったのは、まだ小学校3年のとき。1953年だから朝鮮戦争の特需で日本経済は復活し始めたが、まだ日本全体は貧しく、豊かさは一握りの人々のものだった。だから、豊かさへの願望は渇望とさえ言えた。

永守は1944年8月、京都市の隣、現在の向日市(当時は乙訓郡向日町)の農家の6人兄弟の末っ子として生まれた。わずかな田畑でコメや野菜を育て、およそ豊かとは言えない暮らしだったという。

そんな永守が小学3年のある日、友達の家に遊びに行った。

そこで永守は驚いた。部屋の中に電車が走っていた。ドイツ製の鉄道模型だった。

そして午後3時になると、お手伝いのばあやが、友達におやつを持ってきた。初めて見るチーズケーキだった。さらに帰り際には台所からジューという音とともに香ばしい匂いが漂ってきた。これまた初めて聞いたステーキという食べ物だった。

「君のお父さんは何をやってるんや」

問いかける永守に友達は言った。

「会社の社長や」

永守少年は以来、将来の夢という作文には必ず「社長になりたい」と書いたという。

社長というものを夢に抱くかどうかはともかくとして、永守が以来、その夢を忘れることなく、歩みを止めなかったとすれば、その粘りは驚嘆すべきものだろう。

永守の最大の特徴は、日本電産三大精神の一つである「すぐやる、必ずやる、出来るまでやる」に代表されるあきらめないしぶとさである。

経営者、特に起業家には必要なスピリッツなのだろう。

「理想だけでは人は付いてこない。『この人に付いていけば飯が食える』という部分が必要だ」

リーダー論だが、中間管理職というより、むしろ経営者の持つべきオーラについて語ったものとも言えそうだ。管理職は「心と情が大事」と言うが、経営者はそれを超えてもっと強い引きつけるものが必要だということだろう。

永守と話していて感じさせられるのは、ビジネスチャンスやリスクなどがありそうな際に、敏感に察知する能力の高さだ。一言で言えばとにかく「目端が利いている」ということかもしれない。

例えば、高校時代、永守は自ら小中学生向けの塾を経営していた。父親が早くに亡くなっていた上に、豊かでなかったから、「学費を奨学金とアルバイトで賄う」と母親や長兄に約束して高校に進学したせいもある。しかし、今から半世紀以上も前の地方のことである。高校生が塾を経営するなど〝破天荒〟といっていい。

だが、中学時代に圧倒的に成績が良かったことは地元で知られていたし、地域にライバルとなる塾もなかった。「やれば絶対うまくいく」。中学生には高校の受験指導までして月謝は400円。これが当たり、いつも30人前後、ピーク時には80人もの生徒を集めて一時は3万円を超える月収を得ていたという。当時、大卒の初任給は1万3000円程度（1960年）だったから、これは大変な額だった。

永守の言葉が持つ説得力、迫力はある意味、こういうところから出てくる部分がある。

日本電産副会長執行役員CSO（最高営業責任者）の小部博志は、永守の職業訓練大学校の後輩で、その学生時代、先に社会人となっていた永守と東京でのアパートの部屋がたまたま隣だったことから知り合った。

それだけの縁だったが、結局、以後半世紀永守に付いていった。「先輩じゃもん。逆らうわけにはいかなかった」と笑うが、永守の目端の利かせ方と行動力に引きずり込まれた面もあるのだろう。

経営者の魅力とは何か。考えさせられる点でもある。

心を動かす言葉
68

「過去を振り返るな、未来をじっと見据えろ」

事業を興すときの永守の気持ちの強さは、あきれるほどというほかない。

永守は日本電産を創業する前に2つの会社でサラリーマン生活を経験している。最初は、職業訓練大学校を卒業後、1967年に入社した音響機器メーカー、ティアック。小型モーターの研究開発を担当したが、最初から将来は起業するつもりでいたという。

技術者としての評価は高く、さほどの時もたたないうちに開発室長代行に就任するほど期待されたものの1970年に退社。

このときはティアックの社長が、職業訓練大学校の学長に掛け合って引き留めようとしたといわれるほどだ。

ティアックを退社した永守は京都の精密工作機メーカー、山科精器に入社。ティアックで働いていた母校の後輩2人を呼び寄せ、別の会社に就職したばかりだった小部も強引に転職させている。

山科精器への転職は、同社が電子部門に進出するための当時は珍しいヘッドハンティングだった。

26歳だった永守は、モーター部門の電子開発課長となり、さらに事業部長に就任。1972年に別会社、ヤセック・エレクトロニクスになると、取締役事業本部長に昇進した。入社して2年目の27歳で、250人の部下を抱えるまでになったのである。

ところが、瞬く間に頭角を現した永守に、社内の風当たりはきつい。永守も言いたいことはがんがん主張するから対立も厳しくなった。

それでも、見据えるのは将来のみ。突っ走る力も経営者には必要である。

心を動かす言葉

69

「もっと働くために酒を飲むのはやめた」

あまり知られていないが、永守は45歳のときに酒を飲むのをやめている。それまでは、大のビール党で浴びるほど飲むことも珍しくなかった。

「酒を飲むと、睡眠時間が短くなり、次の日思い切り働けなくなる。ビールを飲むと、食べる量も増えるから太ってしまう。働きにくくなる上に健康にも良くない。そんなばかなことはしていられない」(永守)と、きっぱり断酒したという。

左党ならずとも「なぜそこまで?」と思うだろうが、本人は大真面目である。断酒すれば健康を維持できて長期にわたって働けると信じてもいる。「生涯現役や」。一時は、「自分は会長に専念して、社長が何代か続くのを後ろから見守りたい」とも言ったが、最近は第一線で生涯働くとも漏らしており、一段とその気になってきたようだ。「2030年度に売上高10兆円」。壮大な目標に向かってまず体力。節制もまた経営なのであろう。

心を動かす言葉
70

「アイ・アム・ファイン」

社員向けに日本電産のポリシーと永守イズムを記した『挑戦への道』の中にこんな言葉がある。

「会社を創業して間もない頃、出張先のアメリカで、体調を崩して病院に運ばれたときのことである。

『ハウ・ア・ユー?』(調子はどう?)と尋ねられた私は、全身にじん麻疹を出しながら『ノット・ファイン』(よくない)と答えた。

すると、私がベンチャー経営者だと知った医師は、『ベンチャービジネスの経営者がそんな弱気なことを言っていたら、会社は危ないですよ。ファインと答えなさい』とアドバイスをしてくれた。

ベンチャー経営者としてビジネスを成功させるには、態度も言葉も性格も消極的であってはいけない。常にファインでなければというのである。日本人はとかく『暑いですね、やってられませんな』『どうも、調子が良くなくて…』などと消極的な挨拶をするが、『ファイン』、いや『エクセレント』(最高さ)と答えられるような、積極的、前向きな心持ちでなければ、何事も成し遂げられないと、アメリカの医師から教えられた」

おそらくは日本電産を創業した1973年か、その後すぐのことだろう。勢い込んで独立したものの、系列や実績重視の日本では相手にしてくれるところはほとんどなく、切羽詰まった永守は米国に単身売り込みに行った。

そこでの出来事のようだが、永守らしさが溢れた言葉だ。

前向きに、そして常に攻めの姿勢で。どんな経営者も心の奥には、その気持ちを持ちたいと思っているのではないか。

経営は難しくない

心を動かす言葉
71

「自分は根っからの小心者。いつも先のことが気になって仕方がない」

かつて、米インテルを半導体の覇者に押し上げたアンディ・グローブは、『パラノイアだけが生き残る』(日本版：日経ＢＰ社)を著し、パラノイアだけが、市場のわずかな変動に驚き、固執し、「戦略転換点」を見極め、生き残っていけると説いた。

パラノイアは、偏執症と訳されるから、額面通りなら「妄想にとりつかれた人」となり、かなりの「異常感」が出てくる。それより、「超心配性」と言ったほうが近いだろう。

永守の「小心者」もそれに通じる。

「先のことが気になって仕方がない」と言うように、将来起きるだろうさまざまなことにいつも目を向け、少しでも不安の影を感じると、準備しようとする。そういう超心配性だと自らを規定しているのだろう。

かつて、本人が笑い話のように筆者にこう言った。

小学生の頃のことだ。

「家で夜になると、次の日学校に持っていく教科書などが気になった。だから、部屋の入り口に翌日持っていくものを紙に書いて貼り付けておく。それでも不安だから、さらにその前でつまずいて、嫌でもその紙に目が向くようにものを置いたりまでした」（永守）というのである。

半分は冗談にしても、大事なのはその心配性こそが、市場の変化を嗅ぎ取り、暴風に備え、場合によっては素早く自らの姿を変える大事な能力になるということだ。

「会社がつぶれると思って夜中に何度も目が覚めた」

何か事が起きるたびに、何度も永守からこの言葉を聞かされた。それでも、日本電産は成長してきた。

「超心配性の経営者だけが生き残る」のである。

心を動かす言葉
72

「かつての趣味は『会社四季報』（東洋経済新報社）を熟読すること。今は世界中のモーターと、その関連分野の会社のデータを読むこと」

永守は、日本電産でＭ＆Ａを本格化する前から『会社四季報』を熟読していたという。何冊も買い込んで自宅に置く。トイレ、リビング、自分の部屋、寝室…。トイレで座るとそれを開き、リビングで続きを読むといった調子だ。

狙いはもちろん、Ｍ＆Ａに生かすためだ。どんな会社が何をしているのか。業績はどうか…。常に読み続けているから、「上場企業の内容は皆、頭の中に入っていた」と永守は言う。

自宅に戻ったら仕事のことは忘れたい……。そういう人は多い。

しかし、永守にとっては本人も言う通り、趣味なのである。いろいろな会社の情報を読むだけで楽しいし、面白い。

「この会社を買収したら何ができる……」「ここを買えば、新たな事業の足がかりになる」と、想像を膨らませる。

猛烈経営者という形容詞をしばしば付けられてきた永守だが、本人にとっては別に猛烈でも何でもない。永守には仕事は「疲れ」の対象ではないようだ。

心を動かす言葉
73

「犠牲と奉仕の精神がなければ経営者になるべきではない」

一つ前の言葉と逆のようにも感じられるかもしれないが、いわんとするのは「1年365日、徹底して会社のために働いてこそ経営者である」ということだ。

毎月のように海外出張をしながら、国内の顧客を訪問してトップセールスをこなす。その合間を見てグループ企業の本社、工場、研究所を回って、懸案事項の指示をしながら一般社員たちとも食事をして、笑いを取りながら現場の声を聞き分ける。

移動の間は、頻繁に来るメールに目を通し、これまた即座に指示を出す。当然、土日も世界中とやり取りし、経営判断に必要な時間の一部もここで取る。

なぜそこまで、と今は問われもしなくなったが、永守に言わせれば「経営は結果がすべて」。利益を出すために今、何をすべきかに集中するとそうなるのだろう。

「犠牲と奉仕の精神」というからつらいことのようだが、永守にとってはどんな仕事も

「楽しくて仕方がない」。前の言葉(72)と何の齟齬もない。

ちなみに、働き方改革の今は、社員の残業を2020年までにゼロにするという目標を掲げている。

経営者の話ではないけれど、永守も出勤時間を遅らせるなど、変化を見せ始めている。ただし、それらは「生産性向上を実行した上でのこと」。

生産性を引き上げて、短い時間で以前と同等以上の仕事をこなせるようにしなければ意味はないと言い切る。

ハードワーキングの旗自体は下ろしていない。

心を動かす言葉
74

「身銭を切るから信頼される」

永守の嫌いなもの。それは公私混同である。もちろん、多数ある経営者としての戒めの一つだが、激しく嫌っていると言っていい。

会社に損をさせること自体が許せないし、あり得ないという思いの強さが大きい。小は不必要な会食から、中と大は社有車にしながら実態は自家用車、社宅としながら事実は社長宅といったものまで…。しかも、それぞれ高級・豪華なものにするに至っては論外を超えている。

企業を強くするには、正しい姿を把握することが何より大事である。

ぎりぎりまでコストを抑え、生産性を上げて生み出したものが利益である。

それを途中で、公私混同のコストが入り込むようでは、企業の本質的な強みなど見えなくなるし、改革もできない。そもそも、企業の利益は社員の努力の結果でもある。オーナー経営者であろうとも、それを私物化することはおかしい。永守に言わせれば、そうした行為はばかげているし、経営者としては自殺行為である。

だから、社員と頻繁に繰り返す会食も、永守はポケットマネーで払う。ただし、豪華弁当は一切なし。普通の適正なものである。

それは「自分のカネで払うから社員が信用してくれる」(永守)と見るからだ。

経営者が会社のカネで、社員を豪華なレストランや高級クラブにでも連れて行けば、「社長は自分一人でもいい思いをしているに違いない」と思われる。

そんな状態で「利益を最大化するために、コストを削減しよう。もっと頑張れ」と号令をかけても、見えないところでは舌を出す。

永守はそれを知っている。

心を動かす言葉
75

「人間の成長を見極めるには、その人の『眼光』と『顔光』の変化で分かる。その『光』を得るには、幾たびもの『苦のトンネル』をくぐり抜けるのを厭わないことである」

永守はこれを若手社員の成長を見抜くときの見方としてよく言う。しかし、実際には年代と立場を問わないのではないだろうか。生きる上での、そして仕事をする上での苦しいことというトンネルに敢然と挑戦する気迫を持つこと。そして、苦と楽の2つの道があるとき、あえて苦を選び背負って走り抜けられる人物になれれば、目と顔の光は増すというのである。経営者もまた同じである。難しい問題を選んで突破する気概と力を身に付けられれば、階段を一歩上れるはずだ。

「企業の成長の第一歩は利益だ」

平凡だけど、永守がなぜ利益にこだわり続けるのかを示唆する言葉である。

本来、企業は成長してこそ利益が出て、増えていくもの。しかし、永守はまず先に利益を出すことこそ何より大事だと見る。それも2、3%などという低い利益率(営業利益)ではだめで、2桁、15%は必要だという。

それだけ利益を上げれば、設備や研究開発、人材への次の投資が可能になり、売上高を伸ばすことができる。

売上高を伸ばして利益を上げるのではない。利益を上げるから売り上げも増やせると考える。

だから、何としても利益を上げることが、成長への第一歩になるというわけだ。

そうやって利益を高める過程では、「なぜ利益が出ないのか」「なぜ儲からないのか」と自ら考え、動く社員を育てることが大事になる。難しいことをするわけではなく、コストや利益に対する社員の意識を高め、士気を高めるのだ。

この2つができれば、そこで上がる利益で投資をして新製品・新技術、新市場など顧客に報いる価値を高めることができるようになる。

そして、ここまで来れば市場も評価してくれるから、株価や銀行などの見る価値も上がる。

成長への道筋はさまざまなものがあるだろう。ここで言うのは一つの考え方である。しかし、経営者にとって重要なのは、こうした「大局観」ではないだろうか。大きな視点でものを見たい。

「売れ残った野菜を捨ててしまった父と、人の倍努力せよと言い続けた母から、本当に多くのことを学んだ」

永守が1944年8月、現在の京都府向日市の農家に生まれたことは、この章の最初に書いた。父は奥田末次郎、母はタミ。6人兄姉の末っ子だった（永守は遠い親戚の永守家の養子となり、その後同家の長女、寿美子と結婚し、今日に至っている）。

永守は、この両親から実に多くのことを学んだという。

「ハードワーキングやぁ」。永守を特徴付けるこの強烈な闘争心は、母の影響が大きい。母は口癖のように兄姉に「人の2倍働いて成功しないことはない」と言い聞かせ、「絶対に楽して儲けたらあかん」とも教えた。

永守が子供の頃、友達と喧嘩をして負けて帰ると、勝ってくるまで家に入れてくれないことすらあった。最近では、ドラマの中でしか見ないような母の教えだが、昔の日本には珍しくなかった勤勉で実直な母親の姿である。

父の思い出として永守によく聞かされたのは、丹精込めて育てた野菜を京都市内まで永守ともどもも売りに行った小学生のときの話である。リヤカーに野菜を、山のように積んで京都市内を売り歩いたが、ある日、結構な量が売れ残った。

永守は当然、値下げして売りさばいて帰るのだろうと思っていたら、父親は、売らずにそのまま帰って途中の川端で捨ててしまったという。

驚いて「それならなぜ値引きしてでも京都市内で売らないのか。そのほうが儲かるのに」と聞くと、父親は言った。「そんなことをしたら次から、値下げするまで買ってくれなくなる。当然、次回から価格は下がることになる。それでは、商品の価値を自分で落とすようなものだ」。何でもない会話だったが、永守は子供心に学んだ。「価格というものがどのようにして決まるのか」(永守)を。

2つのエピソードは、とっぴなものではないが、大事なものだ。永守らしさは、そうやって学んだことをずっと守り続けることだろう。それもまた学べる話である。

独自の経営が強さをつくる

心を動かす言葉 78

「普通の会社にならない」

「当社がこれまで成長してきたのは、人がやらないこと、人が避けて通ることに、進んで挑戦してきたからにほかならない。

いかに時代が変わろうと、この姿勢だけは変えてはなるまい。

普通の会社になってはならない」

永守は社員に向けて日本電産のポリシーと永守イズムをまとめた『挑戦への道』の中でこう説く。

他社が避けるような難事を引き受け、突破してきたからこそ今日がある。この考え方、行動原理だけはどうあっても維持するという高らかな宣言である。

「カネなし、コネなし、看板（ブランド）なし」だった創業時代。

営業の突破点は、納期にあった。

「他社の半分でできます！」

無理を承知で引き受けると、社員との徹底したガンバリズムでやり抜く。

技術や資本がなくても「24時間という時間だけは、誰にも平等だ」と、働き抜いて達成した。そんな無理な仕事は誰も引き受けないから、勝ち抜ける。

そうするうちに技術も資本もついてきた。

「普通の会社にならない」は、そういう強い思いこそが会社をつくってきたという日本電産の原点でもある。

「『井戸掘り経営』『家計簿経営』『千切り経営』が3大経営手法である」

何のことか、と驚くだろう。

これは、永守が培ってきた最も基本となる経営手法である。

まず、「井戸掘り経営」とは、こういうものだ。

井戸は地球上、大抵のところで掘れば水が出てくるもの。ただし、次々くみ上げないと新しい水は出てこない。経営の改革・改善のためのアイデアも同じ。常にくみ上げ続けると出てくる。これだけのアイデアを出したから、もう終わりということはない。くみ上げ続けることが大事ということだ。

「家計簿経営」は、永守に言わせれば、家庭の主婦がやっているのと同じことだ。収入に見合う生活をするということである。不景気になって夫の給料が減ると、晩酌でビールを2本飲んでいたのを1本にして支出を減らす。でも、子供の教育や家を持つといった将来の備え、資産形成はなんとか頑張る。経費を収入の範囲に収めながら、投資にも目を配る。そういうやりくり経営のことだ。

そして「千切り経営」は、何か問題が起きたら、それを小さく切り刻めということ。難しそうに思えるものでも、小さく切り刻んで対処していけば、問題解決の糸口は見つかるというものだ。

日本電産サンキョーシーエムアイの社長、野網明は、新顧客開拓や製品の歩留まり改善など、課題があるたびに「それに関連する事象、関係者などを書き出し、関係性を『見える化』する。そうすると、小さなところに解決の入り口が見えてきたりする」と話す。「千切り」の方法を言ったものでもあるが、壁というものはどこかに一穴が見つけられるものなのかもしれない。

どれも、全く斬新な経営手法ではない。むしろ、基本すぎるようなものだが、重要度は高い。

井戸掘り経営にしても、経営者は常に会社の中にアイデアの井戸を掘り、水をくみ続けないといけない。そうすれば、組織の中の「知」は深くなり、それが生まれ続ける土壌ができていく。経営者は手を抜いてはいけないのである。

家計簿経営は、永守経営の特徴の1つである環境変化への対応ぶりに表れる。計画を立て、それに合わせて綿密な戦略を策定し、投資をして人を動かす。

しかし、思ったように動かないと、素早くそのコスト（投資と人）のフォーメーションを変える。それとともに、「赤字は罪悪」と常々言い続けている鉄則を守るためのものでもある。

千切り経営もまた永守経営の大きな特徴である絶対にあきらめない思想につながる。どんな困難な問題も小さく分けてみると、突破口は見えてくる。そこをこじ開けて、難題を解決する。

こうして3大経営手法を見つめてみると、永守の進軍ラッパの根底には、変化に対する緻密な観察ときめの細かい対応があることが分かる。経営は細かい努力の果てしない積み上げの上に成り立つものだ。

心を動かす言葉
80

「会社は、それぞれの職務を担ったさまざまな部門で構成されている。会社の強さというものは、それぞれの部門のバランスの取れた職務の遂行力の総和が決めるといっても過言ではない」

至極当たり前のことのように思える。さらに言うと、「会社の利益を生むのは製造部門。会社の将来を決定づけるのは技術開発部門。営業部門は売上高を限りなく拡大させる責務を担う。間接部門は、内部的には社員が働きやすい職場環境をつくり、外部的には世界に通用する一流企業づくりに邁進する」が永守の規定である。

これもまた特別のことには思えない。だが、その真意は「それぞれの仕事の最大の使命を自覚して、徹底して集中すること。そして結果責任を取ること」だと永守は言う。例えば、営業はひたすら売上高を伸ばすことに集中する。利益ではない。売り上げを上げるのが責任だという。

当然、顧客の要求を聞きながら売り上げを伸ばそうとするから価格は厳しくなる。一方、利益責任は工場が持つ。日本電産は工場プロフィットセンター制なのである。だから、市場の要求にとことん応えられるようにコストダウンと効率化を進める。

とはいえ、見積もりは必要な利益を出せる範囲となる。ここで営業と工場はぶつかり合う場面もあるかもしれないが、それぞれが自分の役割を果たそうとすれば、新たな知恵をひねり出し、結局は協調して方策を生み出すしかない。

大事なのはそれぞれが自らの役割に徹底して集中することであり、それが次の力を生み出すのである。

「自分は何をする人間かを理解して徹底して取り組めば、組織は強くなる」。永守の発想はそこにある。漫然と組織をつくり、漫然と役割を与えているような経営では、業績は伸ばせない。そう言っているのである。

心を動かす言葉 81

「自分の考え方、取り組み方に一番共鳴してくれそうな人物を見つけて、結果を出すことに全力を注ぐ」

これは、経営不振企業を買収して再建する際に永守がよく言っていた話だが、再生に限らない。経営者として、組織を動かす際に頭の隅に置いておきたい考え方だろう。

経営の仕方を変えたり、新たな取り組みをしていこうとすると、人には心理的抵抗が生まれやすい。再建の場合などは特にそうだ。だからこそ、まず経営者の考え方に共鳴してくれそうな人物を探し、サポートして改革を進めるのが手というわけだ。

企業は生き物だから、経営者といえども指示をすれば、すべてその通りに動くとは限らない。特に難しい問題の場合はそうだ。指示の達成度を上げるために、こういう考え方で取りかかるのもあり得る手段だろう。そして、実績を上げれば、最初の共鳴者以外の社員も付いてくる。狙いはそこにある。

「我々の製品は、世界を相手に競争している。レベルの低い判断は禁物であり、良悪は世界の顧客が決める。顧客がだめと決めたものはだめなのである」

グローバル企業でなくても同じことである。どんな企業の製品もサービスも、世界か日本か、その中の一部地域か、あるいは、あるカテゴリーかで競争している。どこであれ戦いの中にいる以上、グローバル競争と同じく、レベルの低い判断は禁物であり、顧客がだめというならだめなのである。

永守は今も、世界の市場の動きを細大漏らさず、自ら見続けている。

その一つの仕掛けは社内で「週報」と呼ばれるものだ。

これは、各子会社の社長が毎週、それぞれの会社の海外法人や国内の支店・営業所、本社内の営業、技術部門などから、市場・顧客や技術などのその週の動向のメモを受け取ることから始まる。

毎週土曜日の朝、各社の社長の元にはそれぞれ大量のメモが集まる。それを社長たちは読んで要点をまとめ、昼頃、永守にメールする。永守は世界のグループ企業、308社から集まるそれを土曜日にすべて読みこなし、別に各地の中堅クラス以上の幹部から寄せられるメール約1000通にも目を通すという。

もちろん読みっぱなしということはなくて、日曜日は朝から週報リポートにもメールにも返事を送り始める。苛烈というほかないが、だからこそ「世界のいろんな市場の小さな動きまで全部分かる」と言い切る。

これをどう見るか。経営者たるもの、ここまで労を厭わず努力を続けているか、という点はもちろん大事。しかし、それだけではないだろう。永守がつくり上げているのは、世界の隅々まで神経回路を張り巡らした仕組みである。

この仕組みがあるから、小さな変化も見逃さず、あるいは感じることができる。あなたは経営者として、自社の関わる地域、分野だけでも神経回路を張り巡らしているだろうか。問いかけはそこにもある。

「人を動かすということは、強権で自分の命令通りになるロボットを作るのとは違う」

ここまで読んでいただければ、お感じになったかと思うが、永守は社員・幹部に「努力と情熱と我慢できる力、細心な感性と集中力。そして結果」を求める。

そんな条件を兼ね備えたスーパーマンはまずいないだろう。永守もそれは分かっている。しかし、個々の社員・幹部はどれかを持っている。だから、その持っているものを伸ばし、この社員がここを身に付けてくれたらと思う部分をアドバイスしたらいいという。大企業となった今は、一般社員にできるはずはないが、かつてはもちろん自ら実行していた。最近でも、自らのメールアドレスを公開して職場の問題や不満などを一般社員からも受け付けているのは、そうした考え方の一環なのかもしれない。

経営者として幹部を叱りもするが、それは育ってほしいからだという。

経営者はタフであれ。数字に強くあれ

心を動かす言葉
84

「日本ではうまくいかなくても、アメリカがある」

今でこそ、創業したてのベンチャー企業が自らの技術を頼りに、いきなり米国に行って取引先を開拓しようとすることは珍しくはなくなった。しかし、日本電産が創業した１９７３年頃といえば、ベンチャー企業にとっての日本と米国の〝距離〟は今よりはるかに遠かった。

だが、永守は創業の翌年、１９７４年、いきなり米国へ営業に飛んだ。

本音は行きたいわけではなかったのかもしれない。だが、創業はしたものの、実績も知名度もない零細企業に注文は少なかった。永守が創業前に働いていた山科精器時代に取引があった会社が、コンピューターの外部記憶装置である磁気ドラム用の精密小型モーターを発注してくれたくらい。

永守に日本電産に引っ張られた副会長CSO（最高営業責任者）の小部博志は、「モーターの需要がありそうな会社を電話帳で探しては、ゲリラ的に営業をして、モーターのサンプルを作らせてもらったりしていた」と苦笑する。そして注文を取っては全員でモーターを作り、納入する。

一つできると、同じようなモーターを使うメーカーに的を絞ってさらに売り込む。その繰り返しだった。

そんな中で、永守はいきなり米国に飛んだのである。

日本は、系列や実績主義がうるさく、新興の日本電産のような企業には逆風だらけだった。そこで「米国なら実績がなくても、製品が良ければ取引をしてくれるのではないか」と飛び込んだのだ。

ろくに英語も話せず、知り合いもほとんどいない。

文字通り、一人で突撃した格好だったが、構ってはいられなかった。ニューヨークに着くや、電話帳をめくり、できる限りの英語で売り込みまくる。

永守の必死な売り込みが通じて会ってくれたのが、化学・電気素材メーカーのスリーエム（３Ｍ）だった。世界的な大企業だが、技術部長が永守の持ち込んだモーターのサンプルを見てくれた。ちょうど、３Ｍが教育用などに使うダビング用録音機のカセットデュプリケーターの小型化を図っていたときだった。

「どこまで（モーターを）小さくできるか」。そう問いかける技術部長に、永守は勢いよく答えた。「性能を落とさず、３割小さくします」。

実際は、そんな見通しがあるわけでも何でもなかった。

しかし、絶対やってやるという信念だったという。

そして、７カ月後、実際に小さくした試作品を作り上げ、３Ｍの受注を獲得したのである。日本電産の社史には、そのときの３Ｍの技術部長の述懐が載っている。

「あれほど一生懸命にコミュニケーションをとろうとする人間を見たのは初めてだった」

必死さとタフさ。そして交渉力。経営者は、これがあるほどやはり強い。

「数字オンチが会社を潰す。数字の裏付けのない机上の理屈は負け犬の遠吠えだ」

永守は技術者出身の創業経営者である。ところが、財務に関しては人一倍詳しい。創業して間もない頃から、夜、会計の専門学校に通い、さらに独学でも徹底的に勉強してその知識を身につけたという。勉強熱心さが高じて1986年には『技術ベンチャー社長が書いた体当たり財務戦略』(ジャテック出版)という書籍まで出している。

その中で「会社を潰すのは数字オンチの経営者だ」と痛烈に指摘し、コスト意識こそが経営者の第一条件だと戒める。

例えば、数字オンチの1つのタイプは、「人件費に対するオンチ」だという。ベンチャーや中小企業だというのに、世間の初任給が○万円だから自分のところも○万円出すという。人をスカウトするのに、「今、△万円もらっているなら、それより多く出す」とやってしまう。

一見当たり前のようだが、永守は全く違うと言う。「ベンチャーならスカウトの際に、以前の年収を下回っても呼ぶくらいの気概が必要だ」というのである。それでも、最後は上場した際のキャピタルゲインや、早い昇進といったメリットはある。年収で競うと、最初からコスト高になるのに、そんなことも分かっていないというのである。

2番目のタイプは生産や流通コストが全く頭に入っていないという人たちである。技術や開発力は素晴らしいが、個別の部品の価格や、塗料、輸送などにどのくらいかかるかといったコスト全体の数字が分かっていない。

多少分かっている経営者だと、ある部品1個は「○円くらい」といった格好で知っている。しかし、「大事なのは、それより安く仕入れている会社があることを知っているかどうか。その部品で世界一安いところはいくらかを知っているかどうか」だと永守は言う。経営者は競争の世界に生きている。数字も競争の中で捉えないと意味がない。学校の勉強のような理解の仕方ではだめなのである。

「自己資本比率にとらわれるな」

ベンチャーならずとも中小企業なら、よく言われるのが「自己資本比率」の大事さ。自己資本比率が高いほど、企業としての安全度が高く、銀行の信用も増すというわけだ。しかし、永守はむしろ「1株当たり利益」が大事だと説く。最近でもそう言っているし、『技術ベンチャー社長が書いた体当たり財務戦略』の中でもそう主張している。

そもそも成長企業は、成長するために借り入れをしていくし、売り上げの伸びほどに利益がすぐに付いてこないことも多い。となれば、自己資本比率が成長期に下がることはいくらでもある。

一方、1株当たり利益(税引き後最終利益÷発行済み株式数)は、株価算定の基礎になるから増資など資本増強の際には極めて重要になる。

もちろん、ベンチャーキャピタルなどから投資を受ける際にも大事なポイントになる。そして、１株当たり利益は、株式市場では「その○倍」といった形で株価の割高・割安感を評価するもととなる。

重要なのは、こうした視点で経営を見るということである。

１株当たり利益を上げることが重要だと見れば、本社ビルなど直接に利益を生まないものへの投資は徹底的に抑え、必要な投資を絞り込むといった考え方が出てくる。そんな視点を持とうともしない経営者ではだめだ。

永守はそう言っているかのようだ。

心を動かす言葉

87

「シェアがコストと人材をつくる」

永守はかつて筆者にそう語ったことがある。「まずシェアを取ること」。永守の意識はそこにある。

高いシェアを取れば、生産量が増え、設備稼働率が上がって、コストが下がるから利益は増えていく。

それを原資に、価格競争を続けるか、研究開発・設備投資で競争力を強くすれば、シェアはまた上がる。そういう循環をつくり上げることを狙っているのである。

そうして「高シェア製品をたくさん持てば、いい人材が集まる」(永守)から、一段と強くなれる。シェア向上による設備稼働率上昇は、資産効率も押し上げるし、儲かれば当然、営業キャッシュフロー増にもなる。

「高シェア獲得↓設備稼働率上昇↓資産効率向上↓利益増↓営業キャッシュフロー増」

であり、この中で人材を獲得し、その能力を高めていけるというわけだ。ここにも永守らしい経営の輪づくりがある。

むろん、高シェアが簡単に取れるはずはないし、それ自体、総合的な努力の結果であることは言うまでもない。

日本電産最大の柱であり、世界シェアが85％にも達しているハードディスク用精密モーターの成功の道のりもまたそうだった。

だが、肝心なのはシェアを取ることを狙い、そのための独自の仕組みをつくるといった努力を続けること。財務に詳しいことは、その仕組みをつくる重要な力になる。

「キャッシュフローは、利益よりも大事だ」

もう1つ、永守が重視するのが「キャッシュ」。これは、日本電産が常に現金を生み出す構造を保ち続けているのかと、そのキャッシュを無駄に使っていないかに目を光らせ続けようとする羅針盤のようなものでもある。

会計上の利益は会計基準の使い方次第で変動する面がある。

例えば、設備などの減価償却を、毎期一定額で行う定額法を使うか、一定率で実施する定率法にするかで、利益は影響を受ける。貸倒損失の引当金計上でも同様に影響はある。上場企業なら、監査法人との議論が必要になることもあるから、簡単だとは言わないが、経営者の意図が全く通りにくいわけではない。

つまり本業の在り方とは関係なく、経営者の意図次第で変化する。

しかし、現金を生み出す力であるキャッシュフローは、そうした「意思」が入らない分、経営をチェックする重要な要素になる。

例えば、営業キャッシュフローは、営業利益を生み出すことが基本になるが、無駄な在庫を減らし、売掛金を早期に回収できるようにしたりしながら資金を創出するものでもある。

それだけ、無駄な投資や在庫に厳しい目を向けることになるし、売掛金の早期回収などきちんとした経営管理を社内に行き渡らせることにもなる。

そして、無駄な投資・在庫を減らし、売掛金の早期回収など、しっかりした経営に努めれば、営業キャッシュフローと営業利益の動きは限りなく近づくことになる。

永守は、こうした数字を通じて経営を鍛え続けようとしている。

かつて2001年にニューヨーク証券取引所に上場した際、永守は「会計基準が、より厳しい舞台に上場することで日本電産をさらに強くしたい」と話したことがある。会計は企業を強くする。これもまた永守の信念である。

第６章

変化と創造

企業は存在する限り常に成長を続けなければならない

心を動かす言葉
89

「脱皮しないヘビは死ぬ」

「世の中には次々と会社が生まれてくる。しかし、その多くは中堅企業にすらなれず、姿を消してしまう。それは成長の節目で求められる体質改善、脱皮が行われていないからだ」

永守は常にこう言う。

つまり、企業が成長し続けていくために最も大事なのは、自ら不断に姿を変えられる力だというのである。永守は、確かに環境が変わり始めたと見るや、即座に「脱皮」に取り組んできた。

例えば、日本電産の飛躍のきっかけになったハードディスク用の精密モーター（スピンドルモーター）。

１９７３年の創業からしばらくマッサージ機のモーターなどで基盤を固めてきた永守は１９７８年秋、例によってモーターのサンプルをかばんに詰めて出張した米国で、耳寄りな話を聞き込んだ。コンピューターの記憶装置、ハードディスクの駆動用モーターの開発案件である。

当時、ハードディスクはモーターにつないだベルトで記録をする円盤を動かす方式が考えられていたが、円盤を直接、モーターで動かす新方式のアイデアである。

永守は帰国するや、即座に大号令をかけて開発に取りかかろうとしたが、何しろ新興企業である。「ハードディスク用の精密モーターとはどんなものなのかすら分からなかった」と当時の技術者は述懐している。

それでも永守は猪突猛進した。

「それまではパソコンの記憶装置といえば、フロッピーディスク全盛で、それを動かすモーターには競争相手が多くて、新興の日本電産が追いかけても勝てるものではなかった。しかし、新たに出てきたハードディスクならチャンスはあると思った。ハードディスクメーカー自体がベンチャー中心だった。我々も同じ。だから全力でいった」

先行きを見て、大きな変化が起きると感じたときの永守は、それこそ猛烈に動き出す。人もカネも十分とは言えなかったが、必死で集中し、翌年秋には8インチハードディスク用精密モーターを大手コンピューターメーカー向けにサンプル出荷。1980年から量産を開始した。

日本電産はこれをきっかけに売り上げが急伸し、本格的な成長軌道に乗っていったのである。

心を動かす言葉

90

「我々は、絶えず相手の欲する回答に限りなく近づける努力を続け、苦しまなければならない」

この言葉は、もちろん「脱皮」のときだけを指しているわけではない。

企業は常に、顧客の要求に必死で応えなければならないし、最大限の努力をする必要があるということを言っている。あえて、この「相手」を「市場」に読み替えてみれば、「脱皮」にも通じるはずだ。市場の求めるもの、つまり市場の変化に最大限近づくための努力とは、自らを変えていくことが大きな要素となるからだ。

日本電産は、永守の読みと決断で1990年代後半にはハードディスク用精密モーター市場の約70％のシェア（現在は85％）を取るまでになった。ところが、このとき、新たな危機が迫っていた。精密モーターに大きな技術革新が起きようとしていたのである。

精密モーターの中心で回転するシャフトと、それを包む軸受けの間には従来、ボールベアリングを入れていたが、当時、新たに潤滑油を入れるタイプが取って代わると言われ始めていた。「流体動圧軸受け」(ＦＤＢ)と呼ばれる新型で、ボール型より高速回転が可能で音も静か、寿命も長くなるというものだった。

当時、ＦＤＢ型が注目されるようになったのは、ハードディスクの記録容量(記録密度)が１９９０年代半ばから急速に高くなったためだった。パソコン上で使うデータ量が飛躍的に向上し、それまでメガ(１００万)単位だった記録密度が、１９９６〜１９９７年頃、一挙に5ギガ(ギガは10億)、２０００年には20ギガまで上がったのだ。高容量になったディスクを読み取るためには、安定的に高い精度で高速回転を続けられるモーターが必要になり、それに適したＦＤＢの重要性が急速に高くなった。この変化は、日本電産には重大な問題だった。

「ＦＤＢの基礎研究自体は１９９２年頃から進めていた」(日本電産の当時のある役員)ものの、部品はほとんど外部から調達し、日本電産自身は組み立てに特化していた。鍵になるＦＤＢの軸受けなどの精密部品の加工技術がなかった。事態を放置すればシェアを一気に崩されかねない重大事だけに社内には緊張が走った。

そこで永守が取った戦略が、同社の名前を世に高からしめるきっかけとなった

1990年代後半の積極的なM&Aだった。

1997年に計測機器メーカーのトーソク（現・日本電産トーソク）、プレス機製造の京利工業（現・日本電産シンポ。日本電産キョーリとなった後、2012年4月に日本電産シンポと合併）、1998年に光学機器のコパル（現・日本電産コパル）などを、日産自動車や富士通などから次々と買収。それら企業の技術を活用しながら、シャフトや軸受けや周辺部品の加工機械を徐々に開発していったのである。

2003年10月に実施した三協精機（現・日本電産サンキョー）のM&Aにも同じ狙いがあった。同社は、FDBの基礎技術開発では日本電産よりも早くから取り組んでおり、保有する特許数も多かった。一見脈絡がなさそうに見えたM&Aは、本業の脱皮・強化という点で一致していたのである。

精密モーター事業への進出を第一の脱皮とすれば、FDBという精密モーターの技術強化は第二のそれだろう。

企業の脱皮は、徹底した先見力と実行力が出発点になる。

心を動かす言葉

91

「100年後も成長する企業になる」

最近、永守がしきりに口にするのがこれである。

永続成長できる企業になるという永守らしい大宣言だが、そのために必要になるのは、脱皮のさらに次。永守は、精密モーターをFDBの技術構築でさらに強化しながら、また新たな変身に挑んできた。それが2000年代半ば以降、特に2010年代に入って一気に本格化したモーター事業の多角化である。

それまでの精密モーター一本足の事業構造に、車載や家電・商業・産業用モーターなどを加え、総合モーターメーカーに転換を図ったのである。それも、精密モーター事業が絶好調の時期に次の時代を見据え、さらに海外メーカーのM&Aでその事業構造転換を進めるという例のない動きに出た。

具体的に言うと、まず2006年末にフランスの自動車部品大手、ヴァレオの車載モーター事業（現・日本電産モーターズ アンド アクチュエーターズ＝ＮＭＡ）を買収。しばらく置いて、２０１０年1月にイタリアの家電用部品メーカー、ＡＣＣの家電用モーター事業（現・日本電産ソーレモータ）、同年9月に、米国の電機・電子機器メーカー、エマソン・エレクトリックの家電・産業用モーター事業（現・日本電産モータ）を傘下に収めた頃から弾みがつく。

２０１２年4月に米・プレス機メーカー、ミンスターマシン（現・日本電産ミンスター）、同6月に伊・産業用モーター大手、アンサルド・システム・インダストリー（現・日本電産ＡＳＩ）、同9月に米・産業用モーター制御機器メーカー、アブトロン・インダストリアル・オートメーション（現・日本電産モータ）を立て続けに買収。

２０１５年にはドイツの車載ポンプメーカー、ゲレーテ・ウント・プンペンバウ（ＧＰＭ、現・日本電産ＧＰＭ）などを、そして２０１７年も米エマソンから産業用モーターや発電機などの事業を展開するフランス、英国のグループ企業を買収するなど、海外でのＭ＆Ａをさらに加速している。

これによって、事業別売上高は２０１１年3月期（総売上高６７６０億円）時点の精密小型３４８４億円（全体の51・5％）、車載６９２億円（同10・2％）、家電・商業・産業用942億円（13・9％）、その他1642億円（24・3％）から、2017年3月期（1兆1993億円）にはそれぞれ4371億円（36・4％）、2611億円（21・8％）、3109億円（25・9％）、1901億円（15・9％）へと構造は大きく変わった。

さらに2021年3月期（2兆円、目標）には、車載が6000億円から1兆円、家電・商業・産業用が6000億円と過半を大幅に超えるまでになるという。

「精密小型モーター事業は、成熟化していく。それがまだ好調なうちに、事業構造を変えることで将来の成長力をさらに付けていく」という永守のいち早い行動がこの大胆な動きのもとにある。

外からは順調に成長してきたように見えて、実際は環境の変化に応じて事業のつくり替えをし続けてきたからこそ、ここまで伸びてきたといえるだろう。脱皮を連続できる体質こそ企業の強さの証しである。

心を動かす言葉
92

「M&Aのノウハウは誰から教わったものでもない。すべて実戦の中から体得していったものだ」

事業をつくり直すために永守が使い続けてきたM&A。永守の名は、そのプロとしてつとに知られるが、実際にはそのノウハウは誰に教わったものでもない。「すべて自ら実戦でやっていきながら学んでいった」(永守)と言う。

例えば、買収した後、永守は経営者を送り込んで相手企業を即座に押さえ込むような方法を取らない。そのほうが買収先企業の社員たちの士気を高められ、不振企業なら再建を早めるのに役立つし、そうでない企業でも業績向上には欠かせないと見るからだ。

1984年に米セラミック製品メーカー、クリーブパックのファン部門を買収したとき以来の考え方だが、そこには事情もあった。

実はそのファン部門はもともと、トリンというコンピューターなどに使うファンメーカーで、日本電産とは取引があり、合弁会社までつくっていた。そのトリンがクリーブパックに買収され、ファンの販売地域をアジアなどに制限されることになったため、買収に踏み切ったのだ。

とはいえ、当時の日本電産に海外企業を経営する高いノウハウがあるわけではない。もともと、合弁相手でもある。それなら無理な支配をしなくても運営すればいいという事情もあった。

その後、1990年代に国内の業績不振企業を買収した際には、日本電産で培ってきた低コスト経営のノウハウをそれらの企業に注入しながら、トリンの「方式」を導入した。もちろん、それがすべてではない。不振企業を立て直す中で、低コスト運営ノウハウを入れ込みながら、その企業の社員の士気が上がるように側面支援をしていくほうがうまくいくことを会得して、さらに知見を深めていったのである。

買収価格にしても、永守はEV／EBITDA倍率で「最大10倍まで。実際は5、6倍か7、8倍程度で買うことが多い」と言う。これは時価総額に純有利子負債（有利子負債－現預金）を足したEVを、営業利益に減価償却費などを足し戻したEBITDAで割って算出する。時価総額をベースにしたEVという企業価値を買値（投資額）とすると、利益の何年分で回収できるかという考え方だ。

永守は常々「日本のM&Aは高値で買いすぎる」と言う。

高く買うと、当てが外れると大きな減損を計上することになり、買い手の自社自身が痛むことになる。それでは逆効果である。問題は5、6倍か7、8倍という数値だが、東京証券取引所一部の同倍率の実績は2001年～2014年まで8倍前後だったという分析もある。実際のM&Aの価格をもとにした倍率ではないが、永守の見方はさらに安く買っているということになる。

重要なのは、こうして自らノウハウをつくろうとする姿勢であり、分析力である。経営環境は当然ながら常に変化する。ノウハウを自身でつくる力があれば、環境が変化したときには、対応して柔軟に経営を動かすことができる。それを忘れてはならない。

「不況またよし」

日本電産創業の１９７３年は第一次石油危機の年。永守はそれを思い起こし、『挑戦への道』で、「当社は不況の最中に産声を上げ、これまで不況・逆境のなかをたくましく成長してきた。そして、不況・逆境のときほど、強い人材が育っている」と語っている。

さらに「不況時には社内で各自が自らの足元を見直し、真のセールスとは、開発とは、製造とは、経営とは、と問い直す時間が与えられる」と言う。不況のときこそ、企業は強くなれるというのである。永守流変化対応の経営がそこにある。

ここ10年余りでそれが端的に表れた最初の例は、２００８年秋のリーマン・ショックへの対応ぶりだろう。２００８年9月に米投資銀行、リーマン・ブラザーズ・ホールディングスが破綻すると世界経済を激震が見舞った。

日本電産も既存受注のキャンセルや新規の停止などで、２００８年10～12月期には営業利益が前期の半分へ一気に急落した。永守は同年12月19日には即座に通期業績の下方修正を公表し、年が明けた1月8日には一般社員の給与を2月から1〜5％減額、役員報酬も20〜50％減額すると発表した。

永守は「業績が戻れば、減額分に金利を載せて戻す」とも約束したが、この時点でここまで踏み込んだ大企業は他になく、世の中を驚かせた。だが、永守の変化対応はそれだけではなかった。同時に、ＷＰＲ（ダブル・プロフィット・レシオ）という生産性倍増プロジェクトに取りかかったのである。

「これは売上高が半分になっても利益が出せるように徹底してコスト削減、生産性向上に踏み込む」（専務執行役員グローバルＰＭＩ推進統轄本部長の吉松加雄）というものだった。売り上げ半減でも営業黒字、同25％減で直前のピーク時並み営業利益、同レベル回復で営業利益倍増にできる構造につくり直すというのである。

永守はこのとき、１９２９年からの大恐慌時に企業の業績がどうなったかを調べ、売上高が半減する可能性があると見た。だからこそ、即座にコストと生産性の見直しに動き出したのだ。

とはいえ、もともと徹底したコスト削減を図ってきた日本電産で、さらにコストを下げ、生産性を上げるのは、乾いたタオルを絞り上げる以上の厳しさがあった。

しかし、永守はコストを固定費と変動費に分け、固定費は給与減額の他、残業減などさまざまなものを見直し、2、3割削減。変動費も材料費をはじめ、あらゆるコストを見直した。外注部材の内製化、工場設備の売却・リースへの変更から、小さいものは、トイレの貯水タンクにモノを入れて貯水量が減らせるようにするといったことまで、ありとあらゆることに取り組んだ。

もちろん、生産ラインも自動化を進めて生産性をぎりぎりまで上げた。社員、グループ企業から集めたこれらの改善策は、即座に500項目に達し、1年後には3万項目にも届いた。そして、リーマン・ショック前、四半期ベースで10%前後だった営業利益率は、2009年10~12月期には15%台に届くまでになった。危機を機に強さをまた磨き上げたのである。

企業は危機のときに何をするかでその後の方向が決まる。逆風のときこそ経営、開発、製造…を問い直すという永守の言葉は、重い意味を持つ。

心を動かす言葉
94

「今後はこういう激変が普通に、
日常茶飯事で起こる時代になる。
何かあればすぐに生産拠点を動かす。
新製品も売れなければ即座に止める。
そういうフレキシブルな態勢が
何より重要になる」

永守がこう言ったのは、リーマン・ショックの直後ではない。そのときの危機をＷＰＲで乗り切った永守と日本電産を、その後、激震が2度、３度と見舞っている。２０１１年３月の東日本大震災、同年10月のタイの大洪水はまず最初のものだ。

日本電産本体とグループの工場が数多く立地するタイでは、水に浸かっていない機械を工場から取り出し、他社工場の空きスペースを借りて素早く生産を再開している。永守自身が現地に飛び、指揮に当たるほどに徹底して早い対応をしたのである。

ところが、それでは終わらなかった。2012年秋、日本電産にとってもっと大きな危機が襲ってきたのだ。「今後は…」の言葉は、そのときのものだ。

再び襲いかかってきた危機は、日本電産の成長を長年牽引してきた精密モーターの主要市場であるパソコンがスマートフォンやタブレットの急速な普及で、縮小に転じたという激変だった。

精密モーターを組み込むハードディスクは異変前の2011年に世界で約6億台に上っていた。その中核は約3億5280万台を出荷するパソコン市場。ところが、2012年第3四半期から急減し始め、年間では前年比4・9%減となった。さらに2013年はその時点で14・4%という大幅減少予測となっていた。

この容易ならざる事態に永守が始めたのが、WPRの第2弾であるWPR2だった。ただし、今回のWPR2は、World-class Performance Ratios（世界水準の業績達成指標）と名付け、コスト削減・生産性向上を超える対策とした。1つは前述したようにこの時期から一段と本格化した海外企業の買収を通じて、車載や家電・商業・産業用などへの事業ポートフォリオの多角化を猛烈に進めること。

2つ目は、それまでM&Aで傘下に収めた企業には、できるだけ自主性を重んじた連邦経営を標榜してきたが、これを機にグループ内でのシナジー（相互作用）向上を図る一体経営へ舵を切ること。それを通じた経営資源の有効活用で、2016年3月期に売上高1兆2000億円、営業利益率15％達成へ逆に成長力をつけるというもの。

そして3つ目は、売上高に対する運転資本を小さくするなどキャッシュを生み出す力の強化である。

短期的にも過剰になった生産設備の減損（360億円）などを一気に実施するなど素早い対応を見せたが、鍵は事業ポートフォリオの転換促進とグループ一体経営へのこれまた転換という経営の大改革である。

永守という人物は、危機のときほどどう猛になり、闘志を燃やすようだ。苦難に全力でぶつかり、突破することでさらに強くなる。永守経営は闘志の経営でもある。

不断の改革こそ基礎体力のもと

心を動かす言葉

95

「マーケットの景色が全く変わってきた。この変化に見合った体質転換を進めないと生き残りすら危ない。テーマ性に沿った3新（新製品、新マーケット、新顧客）こそが、次なる成長へのミニマム条件である」

前半は言葉94にも似ている。鍵は「3新」である。これは日本電産伝統の社内用語で、営業社員に限らず日本電産の社員たるもの、新製品、新マーケット、新顧客という3つの新を常に開拓するよう心がけるべしというものだ。

新入社員にも、M&Aで新たにグループに入った企業の社員にも、誰にも厳しく教え込まれる。

自社、自分の部署、自分の担当に関わる分野・市場で3新を探し続けるのは、半ば習慣のようになっているほどだ。

2014年1月に日本電産サンキョーが三菱マテリアルから買収してグループ入りした日本電産シーエムアイは、車載用のリレー（継電器）部品に使う接点などを生産している。

三菱マテリアル時代から他の分野への進出などは特別試みたこともなかったが、今は「電動工具や洗濯機、電子レンジなど多様な家電・電気製品にも接点は使われているのだから、新市場の開拓を促される」（日本電産シーエムアイ社長の野網明）。

昨年は、これまでなかったマーケティング部門も社内に設け、本格的な開拓に動き始めた。

実を言うと、WPR2でも日本電産本体と各グループ企業が、3新で新たな市場、顧客、技術開拓・開発にさらに力を入れることで売上高押し上げを図ることとしている。WPR2のような新たな取り組みでも、その元にはこれまでやってきた基本を生かす。

市場の変化に即応する脱皮も、こうした基礎力があってできるものだ。

3新に関わりそうな永守の言葉は他にもある。

「セールスの原点は、新規開拓に始まり新規開拓で終わる。新しい顧客の開拓こそ全力を尽くして行うべきである。決められた顧客の保持だけでは、絶対に業績は上がらない」

3新自体にコストはかからない。社員がやる気になるかどうかである。社員がその気になって、3新に取り組み続ければ、組織としては格段に強くなる。「士気こそが企業を変える」という永守の考え方が、端的に表れたものの1つである。

心を動かす言葉

96

「セールスにおける今1つの重要なことは、足で稼ぐことである。顧客をこまめに訪問することである」

かつて日本電産サンキョーを再建する際に、永守は営業社員に対して「月100件以上の顧客訪問」「そのうち30件以上は新規開拓」を〝義務〟付けた。一見、体育会的な根性営業のように映るかもしれないが、実際は3新のような新市場、新顧客開拓につながるものを考えないと、訪問自体が難しいからだ。何の提案もなく訪問しようとしても相手は受け付けない。毎回同じ提案ができるはずもないから、顧客のニーズや市場の動向、競合の動きなどをきめ細かく分析して訪問計画を立てることが必須になる。

そんな中から営業社員の能力が高くなり、実績にもつながるようになる。「足で稼ぐ」ことは単なる根性営業に見えて、実は新市場・新顧客開拓に向けた考える営業にもなる。永守はそれを期待しているのである。

「円安期待論は滑稽だ。生産拠点と取引形態を『常に』、そして『徹底的に』見直せば不安はない」

日本には、一種の円安期待病とでも言えそうなものがある。「円安は、輸出拡大の追い風になり、景気を押し上げる」といった単純な期待が根強くあり、円高になると株価は下落基調になるが、円安時には逆に向かうことが今も多い。

経営者の中にも、円安期待論者が依然として少なくないが、永守はそれを笑う。経営とは円安でも円高でも影響を受けないような仕組みをつくることが基本だと考えるからだ。大きな環境変化には即座に対応する俊敏さが大事だとするが、円安円高のような短期での変化には影響されない仕組みをつくることこそ経営であるという。

日本電産は連結売上高、生産高の90％が海外。そこでの基本は売上高とコストを同じ通貨にしていくこと。売上高がドルならコストもドルにするという。一見当たり前のようだが、重要なのは「常に」という点である。

永守はM&Aを駆使しながら成長してきたが漫然と実行したりはしないという。「買収するときには、その対象企業が欧州にあっても、実際は世界のどこに工場を持っていて、どの通貨でどこからものを買っているかまですべてチェックする。例えばタイに工場があり、中国から資材を調達しているなら、バーツと人民元、ユーロとバーツなどの為替レートの長期に渡る動きまですべて調べる」と言う。

その上で為替の影響を最も小さくするように取引を見直していく。最後に製品をユーロで売るなら調達もユーロにするというわけだ。日本も同じ。ドルで売るなら、日本国内の調達もドル建てにする。もちろん、すべてがそうはいかない。しかし、常にその努力をしていくことが大事だという。

取引だけではない。生産拠点も見直している。

例えば、かつて買収した欧州の子会社が車の電動パワーステアリングのモーターを中国で生産していたが、これはポーランドに移すという。

ポーランドは既にEU（欧州連合）に加盟しているし、その通貨は常にユーロと連動して動くから為替リスクも小さいからだ。

タイで生産している鋳造部品もカンボジアに工場を造って2012年に移した。バーツ高が起きたり、人件費などタイのコストが上がってきたからだ。

この種の見直しには果てしないバリエーションがある。通貨は相対的だからA国の通貨はB国のそれに対しては強く、C国には弱いということもあり得る。そういうときは、A国の工場でB国向け、C国向け、それぞれの製品を作る。

そうすると為替の影響が相殺し合って小さくなる。為替がすべてではないが、B、C国向けの生産数量も為替の変動に応じて変えることさえしているという。A国通貨がB国のそれに対して非常に強くなれば、B国向けの生産量を減らし、C国向けの生産を増やすといったことだ。

「こういう仕組みをつくっていけるのはグローバル化を徹底しているからだし、何をどこで作るのが最も有利かをいつも考え続けているからだ」と永守は胸を張る。

それでも、難しいのは日本本社のコストをどう賄うか。日本電産では、現地法人化している海外工場から日本本社を経由して、海外の顧客に売る形を取ってマージンを得たり、ロイヤルティを徴収したりしているという。

ただし、この方法には難点もある。海外子会社からの購入価格を不当に安くして本社に利益を厚くしたり、その逆にしたりしていないかと税務当局に疑われることがあるからだ。そのために日本電産では、両国の税務当局に事前に取引の正当性を説明し、了解を得ることまで徹底して行っている。

大事なのは「常に」そして「徹底して」経営を動かし続けること。「円安メリットやデメリットに一喜一憂している暇はない」。永守はそう言う。

新市場は構想で切り拓く

心を動かす言葉
98

「経営に最も大事なのは構想力。
頭の中にパズルを描いて、
1ピースずつ埋めていく」

理論と実践は違うとよく言う。例えば、企業が新分野に進出する際、「本業とかけ離れた事業は良くない。近い分野を選べ」と言う。では、近い分野とは何か、そこへどのように進出すればいいのか、と問うと誰もうまく答えられない。理論を鵜呑みにしても何も見えてこないからだ。

日本電産は2015年2月、ドイツの車載用ポンプメーカー、GPMを買収した。このとき、市場関係者などからこう言われたという。「日本電産がなぜ、ポンプの会社を

M&A（合併・買収）するのか。何の関係があるのか」と。

だが永守に言わせると、「M&Aは特にそうだが、企業経営は構想力だ。頭の中に絵を描いて、ジグソーパズルのように1つずつ埋めて事業を広げていく」となる。外からは、自社の領域とは離れた島のように見えても、それを買収したら次は、間をつなぐ橋のような技術を買う。あるいは自前で作る。

橋ができたら周囲を少しずつ埋め立てていく。橋の両側を埋め立てられれば、下は内海になる。後は水をかき出すだけで、大きな陸地、つまり広い市場を対象にした事業が出来上がるというわけだ。そこまでの構想を描けなかったら新事業に取り組んではいけない。重要なのはそこだ。

例えば、自動車は今後一段と環境配慮が大事になる。交差点での停車時にエンジンを止めるアイドリングストップ車や、ハイブリッド車が重要になる。すると、エンジンが止まっても冷却水や潤滑油を送るポンプが必要になる。そこで来るのがモーターをポンプに組み合わせた高性能電動ポンプの時代だ。

永守はGPMを買収することで、その電動オイルポンプの一体化部品をグループ内で生産できる体制をつくり上げた。GPMのポンプを中核に、それを動かすモーターは日本電産が、そのモーターを制御するインバーターは2014年3月にホンダから買収した日本電産エレシスが供給し、それぞれを一体に組み合わせたモノを収めるケースは日本電産トーソクが生産するといった具合だ。

本格的なEV（電気自動車）の時代も近づきつつある。その時代には、現在の自動車メーカーは、「素晴らしい加速や長距離走行能力を持ち、ガソリン車に引けを取らないEVをつくるかもしれない。一方で自動車業界以外から参入する会社も出てくる。そうした会社は、加速や走行距離の能力を抑える代わりに値段も安いEVを投入する可能性がある」(日本電産エレシス社長の武部克彦)。

となれば、モーター関連部品はますます多様になる。構想が市場獲得の鍵になる可能性は高いだろう。

心を動かす言葉

99

「僕は世の中の動きを30年先ぐらいまで見ないといけないと思っている」

永守はこれまで、その時々の足元の変化に機敏に対応する一方で10年、15年先を予想しながら、長期の対応も取ってきた。

精密モーターで高いシェアを取りながら、将来、FDB（流体動圧軸受け）という新しい技術が入ると、競争環境が一変しかねないと、M&Aを本格化させた1990年代。それが実って精密モーター市場で絶対的な強さを確保しながら、10年、15年先をにらんで車載や家電・商業・産業用モーター関連の海外企業買収に乗り出した2000年代半ば以降と、常に先を見て動いてきた。

だが、本音ではもっと先、30年以上も向こうを予想しながら手を打とうとしているという。最近は、冗談とも本気ともつかないように「将来は、みんながドローンを持って通勤してくるようなマイドローンの時代が来る」と言い始めた。だから、それに向けて日本電産ではもう、5、6年もドローン研究をしているとも話す。

その先行きがどうなるのかは不明だが、足元と長期を両にらみで動く経営は、いかにも永守らしい。

米化学大手、デュポンでは毎年、社内のトップ層が集まり、100年後の世界はどうなっているかを有識者を交えて議論するという。冗談ではなく、真剣な討議である。

そして、そこから逆算してどのようなM&Aがいつ必要かを考えているとされる。経営学で言う「知の探索」である。

永守がそれを意識していたとは思えないが、長期・超長期の視点を長年持ち続けてきたことは間違いない。

心を動かす言葉
100

「今のところ10兆円は大ぼらだな。でも実現したい気持ちで言っているから、嘘ではないよ」

日本電産の今の計画は2020年度に売上高を2兆円にするというものだ。これは「ほぼ達成可能になっている」(永守)というから、確度は高い。ところが、永守はさらにその先、2030年度に売上高を10兆円にするという。

2015年3月期に1兆円企業の仲間入りをしたばかりなのに、その15年後にさらに10倍に伸ばすというのである。だから、本人も「今は大ぼら」と言うが、その実、至って真面目である。今は大ぼらでも、次第に確度を高めていって実現可能な夢に変え、さらに現実にしていこうと考えているからだ。

実を言えば、永守から10兆円構想を聞いたのはもう14年も前。三協精機(現・日本電産サンキョー)を買収した頃だ。この買収で売上高はようやく4800億円に届いたところ。その段階でもう10兆円と言いだしていたのである。

しかし、この種の癖は永守にとっては昔からのものだ。売上高が600億円を超えたばかりの1990年代半ばに早くも「1兆円企業になる」と言い、1兆円に届かないうちから2兆円を目指すと吹き上げてきた。

ただし、大ぼらをやがて夢に変え、現実に引き寄せていくには、無手勝流では話にならない。永守に言わせれば、将来に向けた徹底した「計画性」、そしてその計画を実現していく「緻密さ」は欠かせない。さらに、あらゆるものから必要なものを吸収しようとする「学び」の意識、そして何より大きな「野望」がなくてはならない。

これら4つの資質に裏打ちされた綿密な行動が大ぼらを実現へ引き寄せる力となっていることは、この言行録の中からも読み取れるだろう。永守とは研究しがいのある経営者である。

第7章

永守と名経営者たちが共通して抱えるもの

永守の言葉が持つ説得力はどこから生まれるのか。もちろん実績は大きい。徒手空拳で興した日本電産を一代で世界一のモーターメーカーに育て上げたのだから。

だが、有無を言わさぬ実績だけが言葉に重みを持たせているのか。

戦後の名経営者たちの言行録とともに並べてみると、共通する部分が意外なほどに多い。そこに浮かぶのは企業を育て、苦境を乗り越え、社員を引き上げて行く人々が持つ「思い」の普遍性だ。別の角度から永守語録を考えてみたい。

京セラ名誉会長・稲盛和夫は創業(1959年)から間もない頃、「経営の原点12ヵ条」を設けている。そこにこうある(※1)。

---

1 事業目的・意義を明確にする
2 具体的な目標を立てる
3 強烈な願望を心に抱く
4 誰にも負けない努力をする
5 売上は最大限に、経費は最小限に

6　値決めは経営
7　経営は強い意志で決まる
8　燃える闘魂
9　勇気をもって事に当たる
10　常に創造的な仕事をする
11　思いやりの心で誠実に
12　常に明るく前向きで、夢と希望を抱いて素直な心で経営する

目につくのは、「具体的な目標」「強烈な願望」「誰にも負けない努力」「経営は強い意志」「燃える闘魂」…という積極果敢さと士気の高さを重視した言葉である。そこには前のめりになるほど、自らの仕事や目の前の難事に集中し、なんとしても突き抜けようという強い意志が感じられる。

これは永守が創業以来掲げてきた日本電産の三大精神、「情熱・熱意・執念」「知的ハードワーキング」「すぐやる、必ずやる、出来るまでやる」にも通じる部分がある。「社員の

士気の高さが企業にとっては最も重要なもの」という永守の思想とほぼ同じと言っていいだろう。

なんとしても成し遂げるという「思い」の強さを大事にするのは、社員に対してだけではない。稲盛は、経営者自身が最もそうあるべきだと説く。

「もう駄目だと思ったときが仕事の始まりだ」

稲盛は、自ら主催する経営塾、盛和塾で会員の中小企業経営者らにしばしばこう話す。「もう駄目だと思ったときからが本当の勝負の始まりだ」と説き、不屈の魂を養い、どこまでも努力し続ける精神の大事さを言う。

永守も全く同じだ。創業当時、「機能はそのままで大きさを半分に」など、開発が極めて難しく、しかも短納期というような受注をしたときに社員が音を上げそうになるとこう言った。「『できる、できる』と百回言うてみい。できるようになる」と。

当然、自分も一緒になって作業をする。押しつけて逃げることなどあり得ないから、その言葉は自分に向けたものでもあった。それだけ必死になればできると思い込んでいたのである。

同様の言葉は、他の名経営者たちにもある。日本マクドナルド（現・日本マクドナルドホールディングス）の創業者、藤田田はかつてこう言ったという（※2）。

――「『思いは真実になる』ということを自分に信じさせる」――

「起業の成功には、自信過剰なくらい己を信じる自分がいなければならない」。そういう思いを込めての言葉だった。この「完全積極」とでも呼べそうな強烈な前向きさは、多くの名経営者に共通する考え方と言える。

――「積極精神は最良の資本である」（※3）――

大和ハウス工業が社内向けに創業者、石橋信夫の講話と思想をまとめた『わが社の行き方』の中にこんな一節がある。そこで石橋は「積極精神とは、『やろうという精神』である」と規定してこう言う。

積極精神こそが「棚の上のぼた餅」を獲得させる

「今、棚の上にぼた餅があるとする。最も消極的な者は、落ちてくるまで待つ。少し積極的な者は手を伸ばして取ろうとする。最も積極的な者は、危険を顧みず踏み台の上に肩車をしてそれを取ろうとする。そこにこそ、団結と協力の精神が生まれる」

踏み台の上の肩車とは、同僚と行うものだろうし、危険がないように他の同僚に支えてもらうこともあるだろう。つまり積極精神が団結と協力を生み、ぼた餅を取るという成功をもたらすということだ。

もちろん、こうした理念も受け取る社員によって浸透度に差が生じる。だから有力な経営者は自ら信じるところを繰り返し、繰り返し説き続ける。外からは多少の強引さがあるよう見えても、その考え方自体が社会の規範を逸脱せず、一方で業績向上という結果が出ていると最後は浸透していく。日本電産も同様である。

当然、社内の人材も能力にばらつきがあることは多いだろう。創業間もなかったり、中小企業だったりするとなおさらだ。しかし、石橋の一番弟子を自認する大和ハウス会長兼CEOの樋口武男は言う。「能力の差は結局はやる気の差」。能力の差のように見えても、それはやる気の差だと喝破しているのである。永守の年来の思想である「人の能力の差はせいぜい5倍まで。しかし、やる気、意欲、意識の差は100倍ある」と、不思議なほどに重なり合う。

そこで大事なのは、働く側が納得して腹に落ちた上で動いているかどうか。ホンダの創業者、本田宗一郎にこんな言葉がある。

「自分の意志でやっていることの苦労なんて、そうでない苦労と比べればまだ軽いことだ」（※4）

本田が、浜松の尋常高等小学校を卒業して16歳で東京の自動車修理工場に奉公に入った頃のこと。最初に任されたのは、やりたかった自動車やオートバイの修理ではなく、社長の子供のお守りだった。大正時代では、普通のことだった。本田は意に染まぬ仕事に音を上げそうになったが、辛抱の末ついに修理の仕事に加われる日が来た。「子守の日々のつらさを思うと、その後の苦労などなんでもなかった」と本田は述懐したという。

やりたいことができるという思いがつらさを吹き飛ばすのである。
ただし、本田はこうも言っている。

「人間は自分の中に検事と弁護士と判事をひとりずつ抱えている」

人は弱い。好きなことに喜んでも慣れてしまえば、その感激をも忘れかねない。その高揚を持続できる人こそ優秀な人というべきなのかもしれないが、組織の強さは少し異なる。全体として社員がその思いを常に保てるようにすることで増していく。

積極精神の浸透には、まず社員がなすべき仕事をいかに彼らのやりたいことにできるかが必要になるのだろう。花形の仕事だけでなく、一般的には端役に見えそうなものでも、あらゆる仕事に重要さがあることをどこまで意識づけられるかである。そして、それを持続できるようにしていくことだ。

経営者に問われるのはそこだろう。こうした点も含めて浮かぶ名経営者たちの第一の共通点は、「士気」＝「積極精神」である。

柔軟であることがむしろ安定につながる

本田の言葉をもう少し続けよう。本田は、会社の安定性ということについてこう話している。

――「何かが安定するためには、その基盤をなすものがある程度柔軟でないといけないんだ」――

会社の組織の在り方について言及した際の言葉で、車の安定性はサスペンションによる柔軟性があって成り立っているということを引き合いに出したものらしい。「安定と固定を一緒にする人がいるが、安定というものはいつも動いていながらうまくバランスを取っている状態のことを指す」と言ったという。

サスペンションの柔軟性が路面の変化を受け入れて車を安定させるように、会社というものも柔軟性があって初めて安定があるということだろう。

これは組織論だけれども、変化対応力を説いたものとして読めば、企業の強さというものがどのようにして生まれるかを感じさせる。

大和ハウスの石橋は、企業の在り方をしばしば「水」に例えた。会長の樋口の著書によると、「水は温度の変化によって、また器の形によって次々と自らの形を変えていく。しかし、その本性は一切変化することがない。私たちもまた、変化に対処するのに常に柔軟でなければならない」といったことを言い続けたようだ。

これ自体、特別なものではない。失礼ながら「ありがち」と言ってもいいかもしれない。しかし、一方で、石橋の口癖は「スピードこそ最大のサービス」だった。マンション、住宅、商業・物流施設などの建設を事業とするに至る大和ハウスにとっては、工期の短縮は重要な競争力である。

これをつけるには土地の仕入れ、技術革新、建築のための人の配置、手順の見直しなどさまざまな分野の不断の改革が必要である。それだけでなく、例えば土地仕入れにしても市場の動向・情報を人一倍機敏に捉えて、瞬発力で動けることも必要になる。スピードを最大の競争力とするなら、営業、技術開発、施工に至るまであらゆる分野で、その精神が必要になる。

そうして見てみると、「水」の訓話の背景にある思いが生き生きと立ち上がってくる。変化対応力には強烈な運動神経が必要になるのである。

「脱皮しないヘビは死ぬ」
「我々は、絶えず相手の欲する回答に限りなく近づける努力を続け、苦しまなければならない」

こう言い続ける永守の思想も、本田や石橋に通底する。名経営者たちの共通点の２つ目は、「どう猛なほどの変化対応力」だろう。

単純で分かりやすい旗印を立てる

稲盛と言えば、その代名詞はやはりアメーバ経営。京セラの源流事業であるセラミックスで言えば、原料、成形、焼成、加工などの工程のような小さな単位で社内を捉え直し、それぞれに採算をはかるというものだ。工場内なら単位ごとに次の工程の単位にモノを販売し、前の工程から仕入れる。その各アメーバの従業員が創意工夫をしながら、採算を改善する努力をしていくのである。

この仕組みの中で稲盛はこう言う。

「売り上げを最大に、経費を最小にする」（※5）

これまた当然のことのように見える。しかし、稲盛に言わせれば、製造業、流通業、サービス業…などあらゆる業種には、利益率に「ここはこの程度」といった〝常識〟があり、それをベースにして会社を動かす経営者が多い。実績がそこに達すると、それでよいとしてしまうのだ。

ところが、稲盛は「売り上げを最大に、経費を最小にする」と言う。こう考えることで売り上げは最大に伸ばせるし、経費は最小にできる。すると、利益はどこまでも伸ばせることになると考えるのだ。経費を減らすときも「これが限界」とあきらめるのでなく、無限の努力をすべきだと言うのである。

こうすることで各アメーバが事前に立てた売り上げ、生産、経費などの予定と実績を常に引き比べ、業績を素早く誰にも分かるようにできる。当然、対策も早く打てる。必要な品質を満たしていなければ、後工程は引き取らないから、品質管理にもなる。

こうした動きのすべてを「売り上げを最大に、経費を最小にする」という言葉が凝縮しているのだ。

普通の経営者と名経営者の大きな差の一つがここにある。重要な問題を誰にも分かる言葉で、そして繰り返し言い続けられるように表現して掲げるのである。グレートコミュニケーターなのだ。「日本電産の三大精神」をはじめ、さまざまな経営の要点を標語にするのが得意な永守にも通じる。名経営者の3つ目の共通点はここにある。

「社員に惚れさせて」ようやく会社が本当に動き出す

「なごやかな心のかよい合いのなかの仕事のはかどり
――これが、モノを生み出す原動力となるのです」

パナソニックの創業者、松下幸之助の言葉である（※6）。松下は、人に惚れ、惚れられ

る関係をつくる達人だったという。サントリー創業者の鳥井信治郎もそうだったが、地震、火災、台風などで取引先が被害を受けるといち早く、社員を出して後片付けなどを手伝わせ、お見舞いを渡して元気づけたという。規模の大小によらず、そうした気遣いをしたことが、「幸之助ファン」を増やし、松下電器産業を側面から支えた。

「人の心は理屈では割り切れない。微妙に動く人情の機微を知り、これに即した言動を心がけて、豊かな人間関係を築きたい」

とも言う。激烈な生き残り競争の時代となった今日、この言葉に接すると「古き良き昭和」の感もする。だが、おそらく一つの点では真理は不変だろう。

「おまえさんに社員がついてこんのは、社員をほれさせていないからや。この社長についていこうと思わせなあかん」

稲盛はあるとき、自身が主宰する経営塾、盛和塾で「社員が自分についてきてくれない」と泣く中小企業経営者をこう叱ったという。惚れさせて、惚れさせて、その中で経営者である自分の考え、気持ちを社員に理解させる。それこそが「無理」を含めて社員を動かす本当の力だというのだろう。

稲盛の経営理念の一つは「従業員の物心両面の幸福を追求する」である。しかし、その一方で「もう駄目だと思ったときが、仕事の始まり」とも言う。従業員の幸福を第一と宣言しながら、片方で絶対に負けない気持ちと頑張りを求めることができるのは、社員の支持を受けている経営者でなければ難しい。

一見、優しい人本主義のように見えて、稲盛の唱える道は、経営者にとって決して楽なものではない。惚れさせるには、ひろやかさと厳しさを両立できる人としての魅力に、確かな実績が伴ってようやく成るものだからだ。

永守にもこの辺りの言葉は少なくない。

「上司は部下に対する御用聞きにならなければいけない」

「部下を思ったように動かせないと感じているリーダーは、自分の何気ない言動を見直して、むしろその反対をやってみるべき」

永守のリーダー論は具体的、実践的でいかにも彼らしい。しかし、リーダーや経営者は、魅力で人を引っ張る必要があるということは変わらない。

やや違うと見えるのは、その魅力の中心が「ほとばしるようなエネルギー」であるとしているようなところだろう。そこにも永守らしさがある。

目標に向かって全力でぶつかり、必ず突破するという「思い」の力こそ大事だと見ているからだ。名経営者の4つ目の共通点は、「惚れさせる力」である。

共通項はおそらくまだまだあるだろう。重要なのは、人を動かし、物事を前に進める力は、ほぼ普遍のものであり、それは天才にしかできないような難しいものではないということである。人を引っ張る人たちが知っておきたい焦点だ。

【参考文献】

※１『経営者とは』（日経ＢＰ社）
※２『常勝経営のカリスマ　藤田田語録』（ソニーマガジンズ）
※３『わが社の行き方』（大和ハウス工業）
※４『本田宗一郎１００の言葉』（宝島社）
※５『アメーバ経営』（日経ビジネス文庫）
※６『運命をひらく』（ＰＨＰ研究所）
（複数回、引用している場合もある）

日本電産、44年の軌跡
4人で始めた会社を世界一に

日本電産は1973年7月23日、京都市内にある永守の自宅を本社として創業した。参加したのは、現・副会長執行役員CSO（最高営業責任者）の小部博志ら3人。いずれも永守の母校である職業訓練大学校（現・職業能力開発総合大学校）の後輩で永守が28歳、一番若い小部は24歳という若者ばかりのスタートだった。

高校生の頃から既に起業するつもりだったという永守は、職業訓練大学校電気科を卒業後、音響機器メーカー、ティアック

日本電産の主な製品と世界シェア

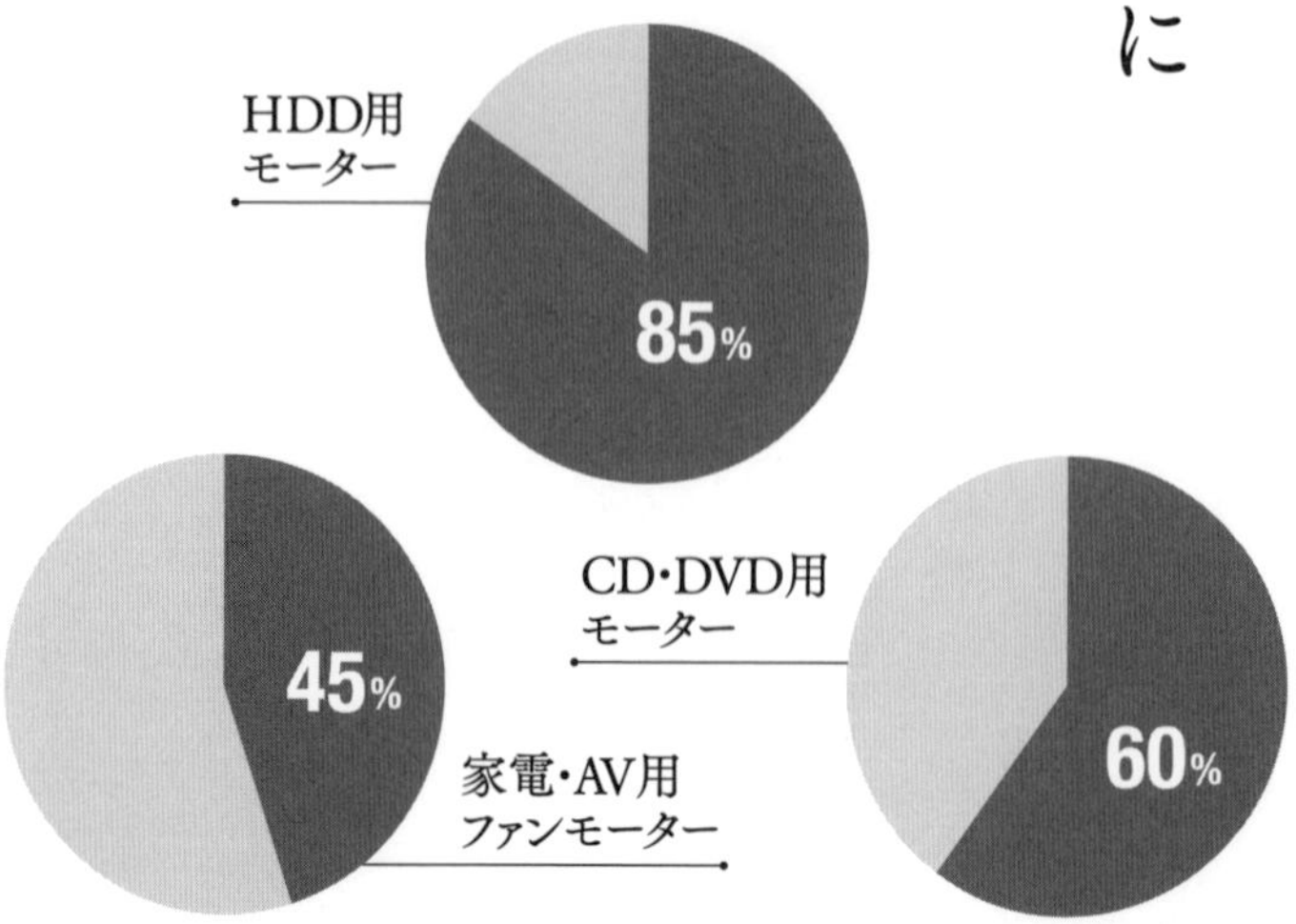

などを経て念願の独立を果たしたが、創業に当たって定めたのが「非同族」「非下請け」「世界企業を目指す」の経営三原則。最初から夢は大きかった。しかし、思いは強くてもすぐに願い通りになるほど甘くはない。顧客も少なく、綱渡りのような創業時代だった。そんな中で迎えた最初の転機が1980年代半ばから米国を中心に始まった急速なパソコン市場の拡大だった。

いち早くハードディスク用精密モーターの開発に乗り出したのが当たり、業績を急速に伸ばした。直販にこだわり、顧客ニーズに素早く応える体制をつくったことで次第に差をつけ、数年で精密モーターのトップメーカーとなった。創業から15年後

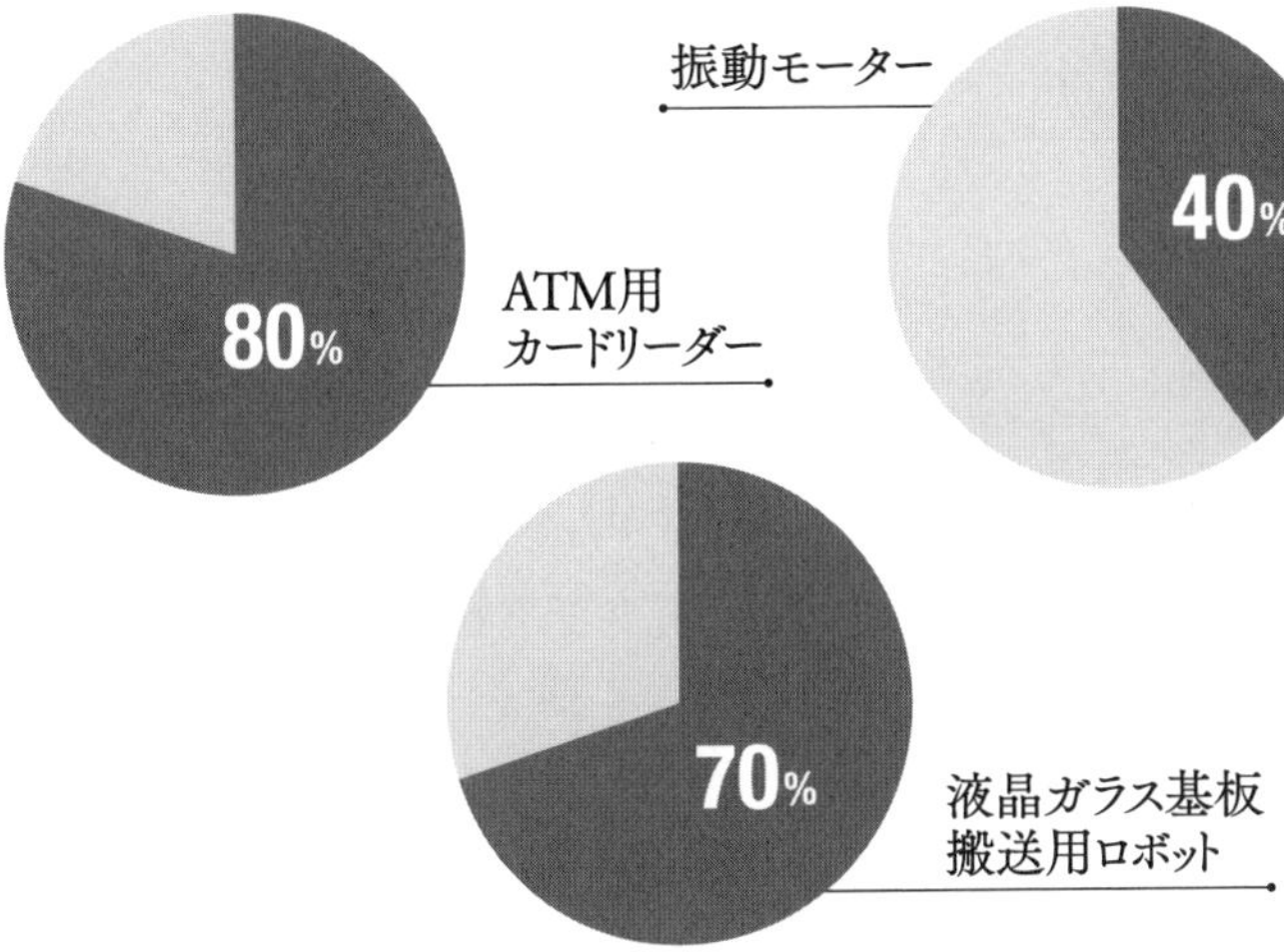

の1988年には大阪証券取引所第二部に上場。創業以来「情熱、熱意、執念」「知的ハードワーキング」「すぐやる、必ずやる、出来るまでやる」を3大精神に掲げ、徹底したコスト削減、納期短縮、顧客志向を推し進めた。強烈なガンバリズムで強い競争力を築いたのだ。

2度目の転機は1990年代半ばから。この頃から後に日本電産の代名詞ともなるM&A（合併・買収）に本格的に乗り出す。狙いは精密モーターで始まった技術革新をリードし、競争力をさらに押し上げること。業績の傾いた国内企業を買収しては再建し、2005年3月期には売上高は4858億円へ駆け上がった。

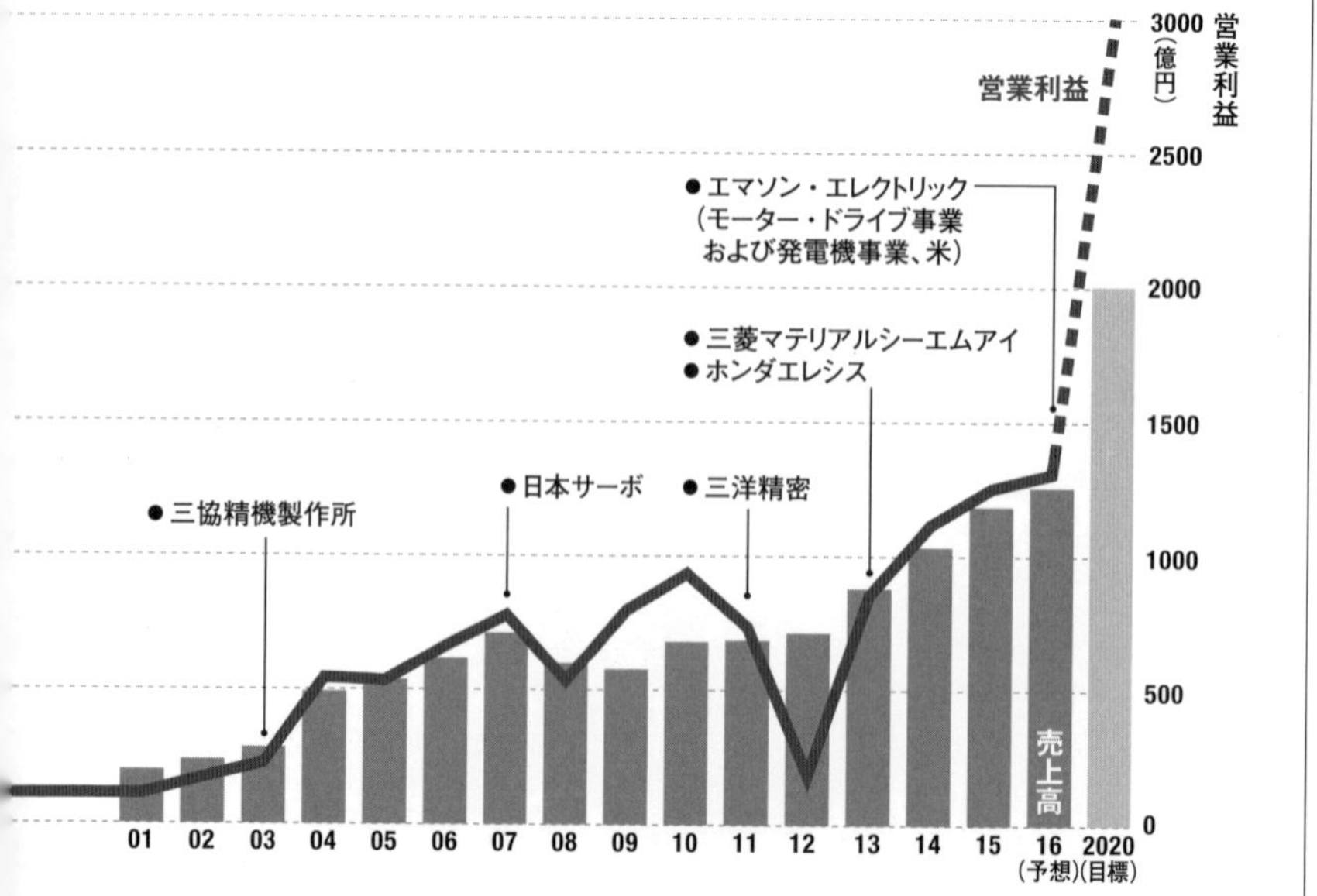

そして3度目の転機は2006年の仏・ヴァレオの車載関連モーター事業のM&Aに始まり、2010年頃から本格化した海外企業の買収。精密モーターをはじめとしたパソコン、コンピューター関連では既に世界有数のモーターメーカーとなっていたが、この頃から車載と家電・商業・産業用モーター市場にも本格的に参入を始めたのである。

売上高は2015年3月期にはついに1兆円を突破。1970年以降に創業した日本の製造業で、ここまで成長した例はなく、当分追随できそうな企業もない。そして次の目標は、2020年度売上高・2兆円、2030年度同10兆円である。

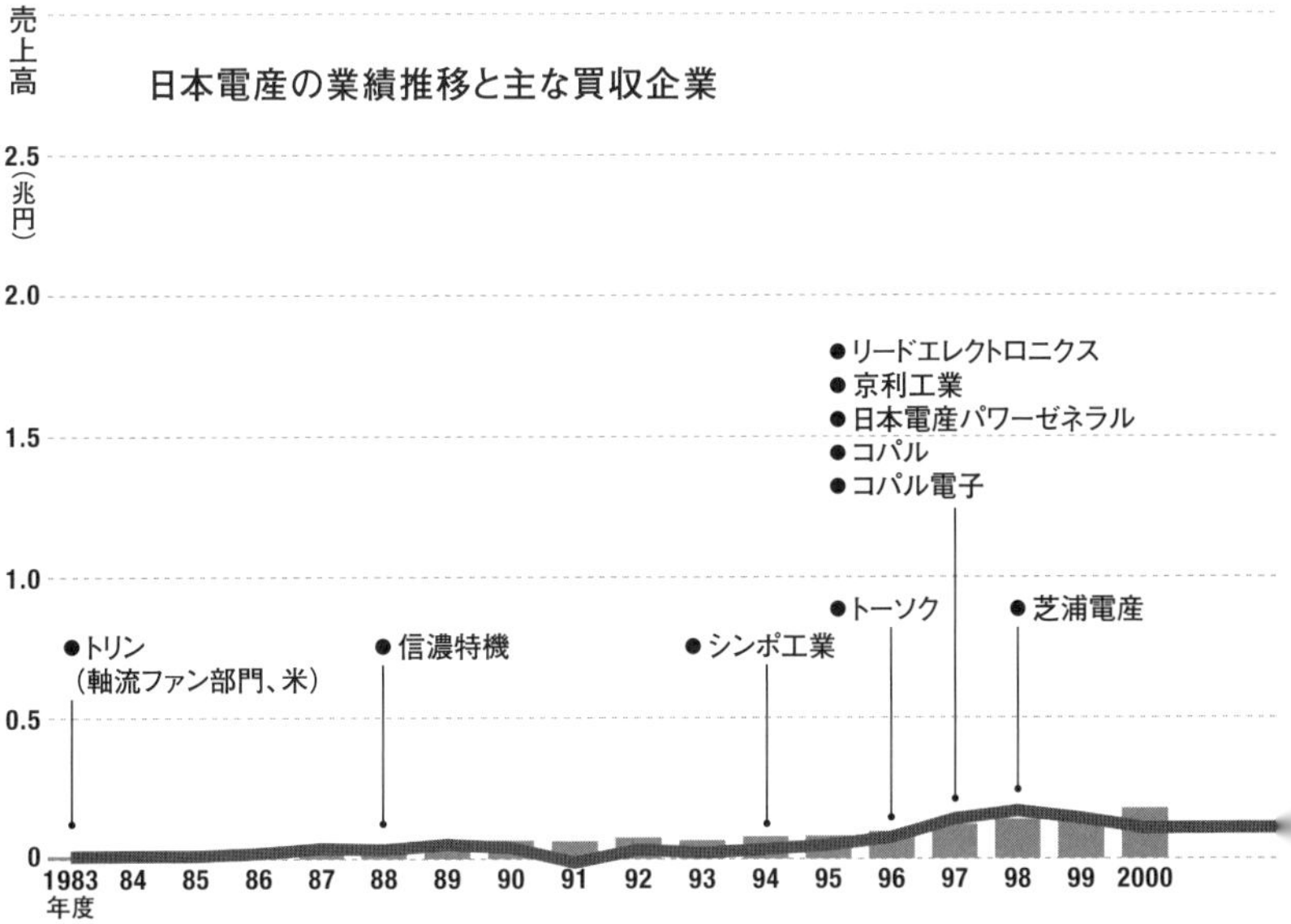

おわりに

この書籍で描いたのは、永守の言葉から読み解いた永守経営の強さの秘密とも言えるだろう。その意味で永守語録を収めた書籍ながら日本電産経営の実像を書いたものでもある。だが、一方で永守経営には肌が合わず、辞めていく人ももちろんいる。だから永守経営が何の例外もなく万人に受け入れられているなどというつもりはない。

しかし、企業はおのずから競争市場の中にいる。戦えば勝たなければ消えていくだけというのも普遍の真実だ。「社員の幸福を第一に考える」という経営者もいる。それを否定する気は全くない。ただ、そういう企業とて結局競争は避けられず、勝たなければならない。「独自市場を築いているから戦いはない」という例もないわけではないが、その市場を取り、維持するためにはやはり戦うほかない。

永守とは、そこで勝つことに徹底して集中する人物である。この本を通読していただいた読者の方々にはご理解してもらえたかと思うが、何事にも過剰感のある彼の振る舞いは、その集中力の表れである。そこに着目してみれば、過激さ、深さ、確かさ、静けさに彩られた言葉の数々と、それらが躍動した場面の関係は分かりやすい。

永守とは徹頭徹尾、「考える人」なのである。どうすれば困難を突破できるのか。どうすればわずかな人材で強敵に伍していけるのか。どうすれば、10年先も生き残っていけるのか…。考えて、考えて、考え抜くから強烈な自信とともに強い言葉を吐き、動き出す。あるいは、内心はびくびくしていても表にはそれを見せないで切り抜けるすべを講じようとする。ビジネスマンとしては、その人間像自体が興味の対象になり得るはずだ。

1兆円企業になったとはいえ、日本電産はまだ成長途上であり、変化の過程でもある。たった4人で創業したときからのメンバーの1人である副会長執行役員CSO（最高営業責任者）の小部博志は、「一度として永守の言葉を疑ったことはない」という。女房以上の女房役であることを自任しきった仲間である。

その一方で大企業になってからの日本電産には、パナソニック、ソニー、東芝、シャープなど名だたる大企業、そして海外有力企業から優秀な人材が入っている。中小企業時代からのたたき上げプロパーとテクノクラートたちをどうまとめ、世界企業にどのように上り詰めていくのか。永守にはまだ新たな「言葉」が必要なはずだ。

田村賢司

田村賢司（たむら・けんじ）
日経ビジネス主任編集委員・日経トップリーダー主任編集委員
1981年に大学卒業後、全国紙記者を経て、88年に日経マグロウヒル（現・日経BP）入社。日経レストラン、日経ビジネス、日経ベンチャー（現・日経トップリーダー）、日経ネットトレーディングなどの編集部を経て、2002年から日経ビジネス編集委員。企業のトップインタビューから、税・財政、年金などのマクロ経済まで、取材領域は幅広い

日本電産 永守重信が社員に言い続けた仕事の勝ち方

二〇一七年十一月二十日　初版第一刷発行
二〇一七年十一月二十九日　第二刷発行

著者　田村賢司
発行者　高柳正盛
発行　日経BP社
発売　日経BPマーケティング
〒105-8308　東京都港区虎ノ門4-3-12
装丁・カバーデザイン　三森健太（tobufune）
本文デザイン　川瀬達郎、高橋一恵、桐山 恵（エステム）
印刷・製本　図書印刷株式会社

本書籍に関するお問い合わせ、ご連絡は右記にて承ります。　http://nkbp.jp/booksQA

ISBN978-4-8222-5896-2